THÈSES

PRÉSENTÉES

A LA FACULTÉ DES SCIENCES DE PARIS

POUR OBTENIR

LE GRADE DE DOCTEUR ÈS SCIENCES NATURELLES

PAR

H. A. ROBIN

Ancien élève de l'École des Hautes-Études, préparateur-adjoint du Cours de zoologie
anatomie et physiologie comparée à la Faculté des Sciences de Paris.

1re THÈSE. — RECHERCHES ANATOMIQUES SUR LES MAMMIFÈRES DE L'ORDRE
DES CHIROPTÈRES.

2e THÈSE. — PROPOSITIONS DONNÉES PAR LA FACULTÉ.

Soutenues le 30 décembre 1881 devant la commission d'examen

MM. H. MILNE-EDWARDS . . . . *Président.*
HÉBERT.. . . . . } *Examinateurs.*
DUCHARTRE. . . . . }

PARIS

G. MASSON, ÉDITEUR

LIBRAIRE DE L'ACADÉMIE DE MÉDECINE

Boulevard Saint-Germain, en face de l'École de médecine

1881

ACADÉMIE DE PARIS

FACULTÉ DES SCIENCES DE PARIS

Doyen	MILNE-EDWARDS, Professeur.	Zoologie, Anatomie, Physiol. comparée.
Professeurs honoraires.	DUMAS.	
	PASTEUR.	
	P. DESAINS	Physique.
	LIOUVILLE.	Mécaniq. rationnelle.
	PUISEUX	Astronomie.
	HÉBERT	Géologie.
	DUCHARTRE	Botanique.
	JAMIN	Physique.
	SERRET	Calcul différentiel et intégral.
	DE LACAZE-DUTHIERS. . .	Zoologie, Anatomie, Physiol. comparée.
Professeurs	BERT	Physiologie.
	HERMITE	Algèbre supérieure.
	BRIOT	Calcul des probabilités, Physiq. math.
	BOUQUET	Mécanique physique et expérimentale.
	TROOST	Chimie.
	WURTZ	Chimie organique.
	FRIEDEL	Minéralogie.
	OSSIAN BONNET	Astronomie.
	DARBOUX	Géométrie supérieure.
	N	Chimie.
Agrégés	BERTRAND	Sciences mathémat.
	J. VIEILLE	*Id.*
	PELIGOT	Sciences physiques.
Secrétaire	PHILIPPON.	

M. ALPHONSE MILNE-EDWARDS

LES MAMMIFÈRES DE L'ORDRE DES CHIROPTÈRES

Par M. H. A. ROBIN

AVANT-PROPOS

L'existence de véritables ailes chez tous les représentants de l'ordre des Chiroptères donne à ces animaux une série de caractères propres qui les séparent très nettement et à première vue de tous les autres Mammifères. Ce sont, en effet, à proprement parler, les seuls Mammifères volants ; les Galéopithèques, les *Pteromys,*, les *Anomalurus*, les Pétauristes ne possèdent pas d'ailes, mais un simple parachute constitué par un repli de la peau tendu entre les membres, repli dont la présence n'entraîne aucune modification notable dans le squelette. Il en est tout autrement dans l'ordre qui nous occupe et outre les modifications si considérables de l'avantbras et de la main, il n'est pas une partie du système osseux qui ne porte la trace de l'adaptation à la locomotion aérienne.

Aussi l'attention des anatomistes s'est-elle souvent portée sur l'appareil locomoteur des Chauves-Souris. Leur squelette a fait l'objet de nombreux travaux de la part de Geoffroy Saint-Hilaire, de Temminck, de de Blainville, de M. Giebel, pour ne citer que les plus importants. Le système musculaire a luimême été étudié par M. Aeby, par M. Humphry, par M. Macalister et récemment encore par M. Maisonneuve qui a donné une monographie très détaillée de cet appareil organique chez le *Vespertilio murinus*.

Mais il semble que l'intérêt rencontré par les naturalistes dans l'étude des organes du mouvement leur ait fait négliger les autres parties de l'organisme. Depuis Daubenton et Pallas, les traités généraux d'anatomie comparée de Cuvier, de

Blumenbach, de Everard Home, de Meckel, de Stannius, de
M. Owen, de M. Milne-Edwards sont, à part quelques notes,
seuls à parler du système nerveux ou des appareils de la digestion, de la respiration, de la circulation ou de la reproduction;
encore le font-ils souvent d'une manière extrêmement brève.
L'étude des membranes fœtales elle-même, si importante au
point de vue taxonomique, bien qu'ayant fait au commencement du siècle actuel l'objet d'un très remarquable mémoire
de Emmert et Burgaetzy et ayant été reprise récemment
par M. Ercolani, laisse encore à désirer.

J'ai pensé qu'il n'était pas sans intérêt cependant de suivre
avec quelque détail chez les principaux types de Chiroptères,
les parties de l'organisme sur lesquelles l'adaptation au vol
n'a imprimé aucune modification. Leur connaissance peut
seule permettre d'établir les relations qui rattachent les
Chauves-Souris aux autres groupes de Mammifères et d'appré-
cier la valeur des divisions d'ordre secondaire que les zoolo-
gistes ont tracées dans l'ordre des Chiroptères considéré iso-
lément.

Une telle étude portant sur un groupe aussi évidemment
homogène, quoique de régime varié, présentait encore un intérêt d'un autre genre en fournissant l'occasion de comparer
le degré de fixité ou de variabilité des différents organes et par
conséquent leur valeur taxonomique.

Telles sont les considérations qui m'ont déterminé à entreprendre les recherches dont j'expose ici les résultats.

Pendant le cours de mes observations, j'ai été constamment
soutenu et encouragé par la bienveillante direction de mes
maîtres, MM. les professeurs H. et A. Milne-Edwards, que je
prie de recevoir ici l'expression de ma profonde gratitude. La
plus grande partie des matériaux dont je me suis servi m'ont
été fournis par M. A. Milne-Edwards qui a bien voulu me permettre de disséquer un grand nombre de doubles de la collection du Muséum d'histoire naturelle.

Je dois aussi des remerciements à MM. le D^r Le Siner et
Lantz de la Réunion, à M. J. Monguillot de Buenos-Ayres, à M. le

Dr Regalia de Florence, à Mme de Barrau, à M. le professeur Marion, à M. le Dr Trouëssard; à MM. Berthelot, Lefebvre, Seignette, Chantepie, Champeau qui m'ont également fourni des objets d'étude.

INTRODUCTION

Dans l'exposé de mes recherches, je décrirai successivement et dans des chapitres spéciaux l'appareil digestif, l'appareil respiratoire, l'appareil urinaire, l'appareil génital du mâle et de la femelle et enfin les membranes fœtales. Je passerai en revue les modifications de chacun de ces systèmes dans les différentes familles en m'astreignant autant que possible à suivre l'ordre zoologique. Je ne me dissimule pas l'aridité que ce plan donnera à mon mémoire, mais mon but n'a pas été de faire œuvre littéraire et il me semble que la clarté scientifique y gagnera.

La classification que je suivrai est celle exposée par M. Dobson dans la belle monographie zoologique qu'il a récemment consacrée à l'ordre qui nous occupe (1). Les faits que j'ai observés m'ont presque toujours montré combien étaient réelles les affinités sur lesquelles reposent les divisions établies par ce savant naturaliste. Peut-être cependant conviendrait-il de réunir en une seule famille les Nyctérides et les Rhinolophides, et de diviser au contraire la famille fort hétérogène des Emballonurides, dans laquelle les *Rhinopoma* et les *Noctilio* semblent déplacés. Dans tous les cas, il me semble que le genre *Harpyia* s'éloigne assez par toute son organisation des autres Mégachiroptères pour former le type d'une famille distincte de celle des Ptéropodides.

---

(1) Dobson, *Catalogue of the Chiroptera in the collection of the British Museum.* 1878.

Nous avons traduit en français l'introduction de cet ouvrage et les principaux traits de la classification qui y est adoptée (*Ann. sc. nat.*, 6e série, IX).

Les espèces que j'ai disséquées sont les suivantes

Sous-ordre des MÉGACHIROPTÈRES

FAMILLE DES PTÉROPODIDES

Epomophorus (Hypsignathus) monstrosus.
E.   comptus.
Pteropus medius.
P.   rubricollis.
Cynonycteris amplexicaudata.
Cynopterus Scherzeri.
C.   (Ptenochirus) Jagorii.
Eonycteris spelæa.
Harpyia cephalotes.

Sous-ordre des MICROCHIROPTERES

FAMILLE DES RHINOLOPHIDES

Rhinolophus ferrum-equinum.
Rh.   hipposideros.
Rh.   euryale.
Phyllorhina Commersonii.
Ph.   diadema.
Ph.   armigera.

FAMILLE DES NYCTÉRIDES

Megaderma spasma.
Nycteris Revoilii.
N.   thebaïca.

FAMILLE DES VESPERTILIONIDES

Vespertilio murinus.
V.   mystacinus.
Kerivoula Hardwickii.
Atalapha noveboracensis.
Scotophilus Temminckii.
Vesperugo serotinus.
V.   Kuhlii.
Synotus barbastellus.
Plecotus auritus.
Miniopterus Schreibersii.

ARTICLE N° 1.

FAMILLE DES EMBALLONURIDES

Taphozous melanopogon.
Rhynchonycteris naso.
Saccopterix plicata.
Emballonura nigrescens.
Cheiromeles torquatus.
Molossus obscurus.
Nyctinomus plicatus.
N.   brasiliensis.
N.   acetabulosus.
N.   Cestonii.
Noctilio leporinus.
Rhinopoma microphyllum.

FAMILLE DES PHYLLOSTOMIDES

Phyllostoma hastatum.
Macrotus Waterhousii.
Carollia brevicauda.
Glossophaga soricina.
Artibeus perspicillatus.
Desmodus rufus.

I. — APPAREIL DE LA DIGESTION.

La première description de l'appareil digestif des Chauves-Souris est due à Daubenton qui, dans la partie anatomique de l'histoire naturelle de Buffon, a fait connaître l'organisation de la Noctule (1) et de la Roussette (2). Les caractères généraux du tube intestinal, et en particulier l'absence de cæcum, et l'impossibilité de distinguer un intestin grêle et un gros intestin, le trajet particulier du duodénum qui contourne à droite la masse viscérale, y sont établis avec l'exactitude scrupuleuse que l'on est habitué à rencontrer chez l'illustre collaborateur de Buffon. Le nombre des papilles calyciformes, que Daubenton appelle glandes calyciformes, est fixé à deux chez la Chauve-Souris insectivore, à trois chez la Roussette; le revêtement

______

(1) Buffon et Daubenton. *Histoire naturelle générale et particulière, avec la description du cabinet du roi*, VIII, p. 138, pl. XXI, 1760.
(2) *Ibid.*, X, p. 66, 1763.

papillaire complexe de la langue de la Roussette est étudié et représenté dans une magnifique figure sur laquelle nous aurons l'occasion de revenir. Malheureusement, l'estomac de la Roussette est décrit et figuré d'une manière inexacte ; la plus grande partie de ce viscère est considérée comme faisant partie de l'intestin.

Pallas (1) étudia l'organisation du *Vespertilio (Harpyia) cephalotes* et du *Vespertilio (Glossophaga) soricinum*. Ses observations confirment en général celles de Daubenton, en y ajoutant quelques détails propres aux espèces qu'il décrit. Les faits les plus importants mis en lumière sont l'existence, chez le *Harpyia*, de quatre papilles calyciformes à la langue et d'une série de papilles dures et cornées revêtant intérieurement les lèvres, et le développement extraordinaire que prend la langue du Glossophage.

Cuvier (2) généralisa les résultats obtenus par ses prédécesseurs et signala le premier les glandes salivaires (parotides, sous-maxillaires et sublinguales), il s'étendit sur les variations de la forme de l'estomac et donna de ce viscère, chez les Roussettes, une description très exacte que nous aurons à rappeler.

Everard Home (3) décrivit de nouveau ce même estomac de la Roussette, qu'il confond avec le Vampyre, et le figura ouvert pour montrer la structure de la muqueuse. Il signale des glandes voisines du pylore qu'il a également rencontrées chez l'Oreillard. Dans le Spectre (*Vampyrus* véritable) l'œsophage, d'après lui, s'élargirait subitement comme chez la Roussette.

Geoffroy Saint-Hilaire, qui consacra, pendant les vingt premières années de ce siècle, une série de monographies zoologiques aux Chiroptères, confirmant une hypothèse de Buffon, crut que la langue des Phyllostomides servait à ces Chauves-Souris à percer la peau des animaux dont elles veulent sucer

(1) Pallas. *Spicilegia zoologiæ*, fasc. III, 1767.

(2) Cuvier. *Anat. comp.*, 1re éd., 1805, III, p. 374; 2e éd., IV, 1re part., p. 422; 2e part., p. 31.

(3) Ev. Home. *Lectures on comparative anatomy*, I, 1814, p. 159, II, pl. XX.

le sang. Il décrivit (1), comme jouant ce rôle, un organe situé près de la pointe de la langue et constitué par une cavité dont le centre est un point en relief et dont le pourtour est dessiné par huit verrues d'une saillie moindre que celle du centre. Il pensa même (2) qu'une gouttière médiane, creusée à la face dorsale de la langue des Glossophages, servait au même usage dans toute son étendue.

Le prince de Wied (3) décrivit la langue de quelques-unes des espèces qu'il rencontra dans son voyage au Brésil.

Meckel (4) n'ajouta rien à ce qu'avaient dit ses devanciers. Il décrivit, au contraire, des abajoues considérables, que Cuvier avait bien établi n'exister que d'une manière apparente, mais ne pas présenter le caractère de véritable abajoues. De même, il nia l'existence des glandes sublinguales qui avaient été vues par Cuvier.

Carus donna (5) de la cavité buccale du *Vespertilio murinus* une figure très imparfaite, ne montrant nettement que les caractères propres à la glotte et aux arrière-narines. Il figura (6) également la bouche de l'*Artibeus perspicillatus*, faisant voir la frange papillaire qui borde les lèvres et qu'il croit jouer un rôle dans la succion du sang.

Rousseau (7), dans sa monographie du Murin, donne une description très rapide du tube digestif de cet animal sans rien signaler de nouveau, si ce n'est les plis de la muqueuse stomacale.

(1) Geoffroy Saint-Hilaire. Sur les Phyllostomes et les Mégadermes (*Ann. du Muséum d'hist. nat.*, XV, p. 157, 1810).

(2) *Id.* Sur de nouvelles Chauves-Souris, sous le nom de Glossophages (*Mém. du Mus. d'hist. nat.*, IV, p. 411, 1818).

(3) Prince Max. de Wied. *Beiträge zur Naturgeschichte von Brasilien*, p. 169-298, 1826.

(4) Meckel. *Anatomie comparée*. Trad. franç., VIII, p. 735, 1838.

(5) Carus. *Traité élémentaire d'anatomie comparée*. Trad. franç. Atlas, pl. XIX, fig. 22.

(6) Carus et Otto. *Tabulæ anatomiam comparativam illustrantes*, pars 3, pl. IX, fig. 4, 1831.

(7) Rousseau. Mémoire sur la Chauve-Souris commune, dite Murin (*Magasin de Zoologie* de Guérin-Méneville, 1839, p. 19).

Stannius (1) reproduisit, dans son traité classique d'anatomie comparée, l'erreur de Meckel relative aux abajoues, et ajouta aux faits déjà connus l'existence d'une sous-langue que je décrirai sous le nom de crête sublinguale et de barbillon terminal des canaux de Wharton.

M. Huxley (2), en 1865, décrivit la forme singulière de l'estomac du *Desmodus rufus* présentant un énorme cul-de-sac intestiniforme d'une longueur égale aux deux tiers de celle de l'intestin. Cette disposition, unique chez les Mammifères, avait, d'après M. Huxley, été déjà vue par M. Peters, dont l'observation est restée inédite.

M. R. Owen (3), en 1868, fit connaître l'existence d'un cæcum très court chez deux espèces de Microchiroptères, le *Rhinopoma Hardwickii* et le *Megaderma spasma*.

M. Flower (4) reprit la description de l'appareil digestif du *Pteropus Edwardsi*, de la Noctule et du *Desmodus*. Il a étudié le premier le foie de ce dernier animal, et appliqué à la description de ce viscère dans les trois espèces la nomenclature qu'il a indiquée et que nous suivrons dans ce travail. Il est le premier à parler du pancréas des Chiroptères, encore se contente-t-il de dire qu'il consiste, chez la Roussette, en deux lobes foliacés allongés qui se réunissent autour du canal cholédoque. Je ne puis m'expliquer comment il nie l'existence du barbillon et de la crête sublinguale en ces termes : « The under surface of the tongue shows no trace of a sublingua nor are there any salivary papillæ. »

Enfin M. Dobson (5), dans l'introduction de son grand ouvrage sur les Chiroptères, passe en revue quelques-unes des parties de l'appareil digestif chez les principaux représentants

(1) Siebold et Stannius. *Manuel d'anatomie comparée*. Trad. franç., II, p. 452, 1850.

(2) Huxley. On the structure of the stomach in *Desmodus rufus* (*Proceed. Zool. Soc.*, 1865, p. 386).

(3) R. Owen. *Compar. anat. of Vertebrates*, III, p. 429, 1868.

(4) Flower. Lectures on the comparative anatomy of the organs of digestion of the Mammalia (*Medical times and gazette*, 1872, II, p. 59).

(5) Dobson. *Loc. cit.* Introduction, p. XXI.

de l'ordre. Il s'arrête seulement sur la situation de l'ouverture buccale, la constitution des lèvres, la forme de l'estomac et du foie. Il décrit et figure la voûte palatine des *Epomophorus*, qui lui fournit des caractères importants au point de vue de la détermination des espèces.

Nous considérerons successivement dans l'appareil digestif les parties suivantes : la cavité buccale, l'œsophage et l'estomac, l'intestin, les glandes salivaires, le foie et enfin le pancréas. Après avoir étudié chacune d'elles dans les différentes familles, nous établirons des conclusions générales pour l'ordre tout entier.

§ 1. — Cavité buccale.

MÉGACHIROPTÈRES. — La bouche des Roussettes est largement ouverte, les lèvres sont en général charnues et la plupart du temps mobiles et extensibles, de manière à constituer un organe de préhension souvent très perfectionné. Cette disposition est poussée au plus haut point dans le genre *Hypsignathus*, où la complexité des replis labiaux a valu à l'unique espèce connue l'épithète de *monstrosus*.

Nulle part il n'existe de vraies abajoues, mais les joues sont très développées dans les genres *Hypsignathus* et *Epomophorus*. Dans le dernier, nous avons rencontré (fig. 2) un peaussier formé par une très petite bande musculaire qui réunit la joue au sternum.

Les lèvres sont bordées sur les côtés, mais non en avant par une crête de papilles assez dures qui, d'après M. Dobson, caractériserait les espèces dont le régime est frugivore ; nous verrons plus loin que cette opinion repose sur une trop grande généralisation d'un fait exact. Cette crête s'étend chez l'*Hypsignathus monstrosus* et le *Pteropus medius* de la canine supérieure à la deuxième molaire inférieure ; elle s'avance un peu plus loin chez les *Cynopterus* où ses papilles sont beaucoup plus longues que partout ailleurs ; elle est représentée par un simple bourrelet non frangé chez l'*Eonycteris spelæa*. Dans le genre *Harpyia*, les papilles qui la constituent ne se distinguent pas de toutes celles qui hérissent la muqueuse labiale. Là, en effet, comme l'avait déjà vu et dessiné Pallas (1), la face interne des lèvres est entièrement couverte de longues papilles cornées serrées les unes contre les autres qui ne manquent que dans la région jugale. A peine distingue-t-on au milieu de ces odontoïdes la papille du canal de Sténon, plus petite et plus molle que ses congénères, séparée du bord de la lèvre par deux ou trois rangées d'odontoïdes seulement.

Dans les autres genres, les odontoïdes labiaux font absolument défaut; chez le *Cynonycteris amplexicaudata*, entre la lèvre supérieure et la gencive fait saillie un bourrelet de plus en plus élevé d'arrière en avant, qui se termine abruptement au niveau de la première prémolaire, au point où le canal de Sténon vient déboucher dans son épaisseur. Un bourrelet analogue existe à la lèvre inférieure, mais son bord supérieur atteint le bord libre de la lèvre et se confond avec elle en avant au niveau de la canine. Chez l'*Hypsignatus monstrosus*, un bourrelet du même genre naît au niveau de la première molaire inférieure et rejoint en avant son congénère; il est relié à la gencive par trois brides charnues dont l'une impaire s'insère sur la symphyse mandibulaire. Le bourrelet supérieur dans l'épaisseur duquel chemine le canal de Sténon existe seul chez l'*Eonycteris spelæa*; il est plus saillant que chez le *Cynonycteris* et son extrémité antérieure moins abruptement délimitée. Il porte en ce point une papille molle, aplatie, pédiculée, longue de $1^{mm},5$, large à peine de $0^{mm},5$ à sa base, dans laquelle débouche le canal de Sténon; l'exemplaire que j'ai observé présentait d'un côté seulement deux autres papilles semblables, mais pleines, situées plus en arrière.

La papille du canal de Sténon est isolée dans les autres espèces; à peine trouve-t-on chez le *Pteropus rubricollis* un dernier vestige du bourrelet; elle est en général volumineuse et assez saillante; chez l'*Hypsignathus*, elle est énorme et de forme triangulaire.

(1) Pallas. *Spicilegia zoologiæ*, fascic. III, p. 10, pl. II, fig. 4.

La voûte palatine est ornée de rides qui se présentent sous deux formes généralement très distinctes ; aux unes, antérieures, larges, saillantes, formant des bourrelets obtus et en général non interrompus en leur milieu, souvent même surélevés en ce point, je réserverai le nom de plis palatins. Je désignerai au contraire sous celui de crêtes des rides situées plus en arrière, peu saillantes, mais dont le bord antérieur est abrupt et taillé verticalement. Ces crêtes sont ordinairement interrompues sur la ligne médiane, où le palais est creusé d'une gouttière longitudinale ; elles peuvent même n'être pas symétriques par rapport à cette gouttière et ne pas se correspondre d'un côté à l'autre du palais. Leur arête est finement denticulée et concourt avec les odontoïdes qui couvrent la surface de la langue à râper les fruits succulents dont les Roussettes font leur nourriture.

Chez le *Pteropus medius* par exemple, on trouve vers le milieu de l'espace qui sépare les incisives des canines deux plis dirigés en avant et en dedans et bifurqués, leurs branches se rejoignent en entourant deux pores triangulaires, les orifices palatins du canal de l'organe de Jacobson. La dépression médiane qui sépare ces deux pores est immédiatement suivie par une saillie considérable qui s'avance jusqu'au dernier pli, c'est-à-dire au niveau des deuxièmes molaires où elle fait place à une gouttière terminée elle-même un peu avant l'origine du voile du palais, de telle sorte que la voûte palatine est convexe dans ses deux cinquièmes antérieurs, concave dans ses trois cinquièmes postérieurs. En arrière du pli de Jacobson sont quatre autres plis plus saillants, assez espacés, à convexité antérieure très accusée, formant presque un angle sur la ligne médiane, pour les premiers du moins.

Les crêtes sont au nombre de huit, de plus en plus fortement denticulées à mesure qu'elles sont plus postérieures. Les cinq premières se dirigent d'abord en avant, puis s'infléchissent rapidement en arrière pour disparaître dans la gouttière médiane ; les deux crêtes d'une même paire revêtent ainsi l'aspect d'un double fer à cheval à concavité tournée en arrière. Le sommet de la courbure se rapproche peu à peu de la ligne médiane et finit par l'atteindre de sorte que la sixième et surtout les deux dernières paires de crêtes se rejoignent à angle aigu. Les deux branches de la dernière arrivent en contact et limitent postérieurement la gouttière palatine, un centimètre environ en avant de l'origine du voile du palais.

L'insertion du voile du palais est marquée par une série de papilles disposées sur une ligne en double croissant à convexité tournée en avant. Ces papilles, dont les quatre médianes sont beaucoup plus grosses que les autres, ressemblent pour la forme aux papilles fongiformes de la langue ; elles sont plus grosses cependant et leur pédicule est plus court. Il est à remarquer qu'elles sont situées directement au-dessus des papilles calyciformes de la langue. Je ne les ai retrouvées dans aucune autre espèce, elles font même défaut chez quelques exemplaires de celle qui me les a montrées.

Chez le *Pteropus rubricollis*, dont le museau est étroit et raccourci au lieu d'être large et allongé comme dans l'espèce précédente, les différentes sortes de rides palatines et surtout les crêtes sont plus réduites. Le nombre des plis est le même, le second et le troisième ne sont plus simplement convexes, mais franchement anguleux en avant et leurs angles surélevés et réunis entre eux constituent un bourrelet médian. Quatre crêtes de premier ordre, semblables à celles de l'espèce précédente, sont suivies de trois crêtes de second ordre peu accusées ; la gouttière palatine n'atteint pas les deux dernières.

Les plis palatins du *Cynonycteris amplexicaudata* sont au nombre de quatre ; les pores de Jacobson sont situés dans une dépression à laquelle ne correspond aucun pli ; le premier pli s'étend en ligne droite d'une canine à l'autre, les suivants sont légèrement arqués. Il n'existe que quatre paires de crêtes dirigées obliquement en avant et en dedans ; celles de la dernière paire se rejoignent à angle aigu à l'extrémité de la gouttière palatine.

Les rides palatines des *Epomophorus*, très différentes selon

les types, fournissent un caractère important pour la détermination des espèces, et elles ont été figurées par M. Dobson dans
son catalogue. Je reprendrai cependant la description du palais
des deux espèces que j'ai eues entre les mains pour la préciser
davantage et rectifier quelques inexactitudes. L'*Hypsignathus
monstrosus* présente en avant un tubercule latéral représentant le pli de Jacobson (les pores de Jacobson ont la forme de
fentes linéaires), puis quatre plis transversaux, larges et obtus,
relevés en un tubercule à leurs extrémités ; le premier, situé
entre les canines, est assez écarté des deux suivants. La gouttière palatine fait entièrement défaut, et les crêtes, de même
que les plis ne sont pas interrompues. Les deux premières ne
sont pas denticulées dans leur portion latérale dirigée obliquement en avant et limitée par un tubercule assez saillant ; la
bande médiane transversale qui réunit les deux tubercules
porte au contraire des denticulations très nettes. Les cinq
crêtes postérieures, de plus en plus inclinées, sont dentelées
dans toute leur longueur. A la partie postérieure du palais, on
retrouve quelques odontoïdes qui semblent être un vestige
d'une autre crête ; la surface du voile est du reste entièrement
chagrinée, couverte de fines papilles et non lisse comme dans
les autres espèces.

Les plis présentent une disposition semblable chez l'*Epomophorus comptus* (1), ils sont plus étroits et plus saillants, le
tubercule du pore de Jacobson fait seul défaut. La région des
crêtes est au contraire très différente (2). Les crêtes sont divisées en deux groupes par un espace lisse assez étendu. En avant,
entre les molaires s'étendent en ligne droite deux premières
crêtes transversales nettement interrompues sur la ligne médiane. En arrière, cinq crêtes, dirigées obliquement de dehors
en dedans et d'arrière en avant, se rencontrent sur la ligne
médiane (la figure de M. Dobson est inexacte pour toute cette
région) : les deux premières sont largement séparées, les trois
dernières au contraire serrées les unes contre les autres.

(1) Dobson. *Loc. cit.*, pl. II, fig. 4.
(2) *Ibid.*, pl. II, fig. 5.

Le palais de l'*Eonycteris spelæa* est semblable quant au type à celui des autres Mégachiroptères, les crêtes palatines n'ont plus aucun rôle dans la trituration des aliments et leurs denticulations sont rudimentaires. Ce caractère rapproché de l'absence de la crête papillaire aux lèvres et de quelques autres dispositions de diverses parties de l'appareil digestif prouve que le régime, tout en étant essentiellement frugivore, doit différer de celui des Roussettes. La région antérieure de la voûte palatine montre en arrière d'un pli de Jacobson très atténué et parallèle à la gencive quatre plis espacés, très obtus et très faiblement incurvés, ne présentant en leur milieu ni renflement ni interruption. En arrière, existent trois paires de crêtes largement interrompues sur la ligne médiane et parallèles aux plis ; enfin à la base du palais une dernière paire, dont les branches se réunissent sous un angle très prononcé.

Chez le *Cynopterus Scherzeri*, le palais se distingue de celui de toutes les espèces que nous avons étudiées jusqu'ici, en ce que les plis comme les crêtes sont interrompus sur la ligne médiane ; ces interruptions représentent seules, du reste, la gouttière palatine. En même temps, les plis sont eux-mêmes légèrement dentelés, de telle sorte que leur distinction des crêtes est plutôt théorique que réelle. On peut cependant reconnaître assez facilement quatre paires de plis, suivis de cinq paires de crêtes de moins en moins saillantes et de plus en plus dentelées, et enfin après un espace libre égal à celui occupé par les premières crêtes, deux dernières paires, largement interrompues, serrées à l'origine du voile du palais.

La distinction entre les plis et les crêtes devient impossible chez les petites espèces, telles que le *C. brachysoma* et le *C. Montanoi*, les deux dernières paires sont seules interrompues dans la dernière espèce ; toutes sont continues chez le *Cynopterus brachysoma*.

Le palais court et large du *Harpyia* diffère essentiellement, quant à son ornementation, de celui des Roussettes. Plis et crêtes sont très nombreux et extrêmement serrés, formant une véritable râpe palatine. Les plis sont étroits et tranchants, mais non denticulés, ce qui les distingue des crêtes. Les pores de Jacobson n'ont aucune relation avec les plis et sont situés dans une dépression en avant du premier de ces ornements. Le premier pli, situé un peu en arrière des canines, est transversal et droit; les autres sont concaves et concentriques; ils s'arrrêtent un peu en arrière de la dernière molaire. Dans la concavité du dernier sont quelques lambeaux de crêtes épars et ne se correspondant pas sur la ligne médiane, puis les crêtes deviennent plus serrées et nécessairement parallèles; elles sont toujours interrompues sur la ligne médiane, mais ne se correspondent pas toujours d'un côté à l'autre; on en observe même qui n'existent que d'un seul côté. Ces crêtes s'étendent jusque sur le voile du palais, qui est court et large; leur nombre est d'environ dix à douze.

Le voile du palais est toujours dépourvu de luette; ses piliers antérieurs, forts et charnus, se perdent comme à l'ordinaire sur les côtés de la base de la langue; les piliers postérieurs, plus grêles et assez rapprochés l'un de l'autre, disparaissent dans la paroi dorsale du pharynx. Dans la plupart des types, le voile est assez court et son bord libre s'appuie à l'état de repos sur la base de l'épiglotte saillante de façon à fermer postérieurement la cavité buccale de la même manière que chez le Cheval.

Dans les genres *Hypsignathus* et *Epomophorus*, dont le larynx est reporté vers la base du cou, il est, au contraire, extrêmement allongé et constitue une cloison membraneuse séparant les arrière-narines prolongées en un tube de la partie antérieure du pharynx. La position presque horizontale de l'épiglotte ne lui permet plus de fermer la cavité buccale comme dans le cas normal, mais le même effet paraît être obtenu par la contraction des piliers antérieurs qui circonscrivent un isthme du gosier fort étroit.

Les amygdales sont généralement très réduites.

La langue, chez les *Pteropus*, est très allongée, terminée en pointe et extrêmement protractile. Sa face supérieure porte un revêtement papillaire très complexe et qui exige une description détaillée. Daubenton en a donné une magnifique figure (1) à laquelle je me reporterai, observant seulement que la langue a dû être dessinée à l'état de contraction, car sa pointe est normalement beaucoup plus effilée. La description qui accompagne cette planche est du reste très insuffisante.

La langue du *Pteropus medius* dans un état d'extension moyen est longue de 50 millimètres ; elle atteint sa plus grande largeur 15 millimètres en avant des papilles calyciformes, puis elle diminue graduellement jusqu'à environ 8 millimètres de l'extrémité où elle se rétrécit tout d'un coup pour se terminer en pointe aiguë. La langue est e fixéseulement dans ses deux cinquièmes postérieurs, les trois cinquièmes antérieurs sont libres et mobiles.

La face supérieure de la langue se divise assez nettement en deux moitiés : l'une, antérieure, plane ou même légèrement concave ; l'autre, postérieure, très convexe ; cette division rendra plus facile la description du revêtement papillaire. Je passerai successivement en revue les papilles cornées ou tactiles et les papilles gustatives.

La pointe de la langue est occupée par des papilles allongées filiformes, couchées d'avant en arrière, qui s'étendent sur une longueur de près d'un centimètre, puis disparaissent sur la ligne médiane pour se continuer sur les côtés dans toute la région antérieure ; à mesure qu'elles s'éloignent de la pointe de la langue, elles sont plus courtes et plus coniques, leur longueur ne dépasse plus leur diamètre, mais la pointe est toujours dirigée en arrière.

Le champ médian, laissé libre par l'écartement de ces papilles, est occupé par de très forts odontoïdes, longs d'un millimètre, larges d'un demi et terminés par trois pointes cornées dirigées en arrière. Ces odontoïdes tridentés, couchés sur toute la partie médiane de la région antérieure de la langue, font de cet organe une râpe d'une très grande puissance pour triturer les aliments : ils sont très développés chez tous les Mégachi-

(1) Daubenton. *Loc. cit.*, X, pl. XV, fig. 1.

roptères et on les retrouve, bien que souvent en très petit nombre chez les grandes espèces de Microchiroptères. Vers la limite des régions antérieure et postérieure, les odontoïdes tridentés deviennent plus petits, moins consistants, quelques-uns ne présentent que deux dents, puis une seule ; elles reviennent ainsi peu à peu à la forme des papilles de la première sorte.

Telle est la constitution de la région antérieure de la langue : une sorte de V formé de papilles cornées simples, coniques, enserrant entre ses branches un champ occupé par des odontoïdes tridentés.

A l'origine de la région postérieure, les papilles coniques simples font place sur les côtés à d'autres papilles plus consistantes, aplaties, à bord finement dentelé (les denticulations en sont exagérées sur la figure de Daubenton). Je désignerai ces papilles, qui sont nettement dirigées de dehors en dedans, et non plus d'avant en arrière, sous le nom d'odontoïdes foliacés.

Plus en arrière, les côtés de la base de la langue sont occupés par des papilles filiformes très allongées, beaucoup plus longues et en même temps beaucoup plus molles que celles même de la pointe et dirigées de dehors en dedans et un peu en avant.

Enfin le champ médian est revêtu de fines papilles serrées, qui forment une sorte de velours et auxquelles je réserverai le nom de papilles villeuses.

Les diverses papilles plus ou moins cornées ou tactiles qui forment le revêtement supérieur de la langue peuvent donc se réunir sous cinq chefs :

1° Odontoïdes coniques ;

2° Odontoïdes tridentés ;

3° Odontoïdes foliacés ;

4° Papilles filiformes de la base de la langue ;

5° Papilles villeuses.

Il y faut ajouter les papilles gustatives qui, comme chez tous les Mammifères, sont de deux sortes, des papilles fongiformes et des papilles calyciformes.

Les premières, assez peu nombreuses, n'existent guère que dans la région postérieure de la langue où elles sont irrégulièrement réparties entre les papilles villeuses et les odontoïdes foliacés ; quelques-unes se rencontrent cependant dans la partie postérieure des champs d'odontoïdes coniques, mais sans dépasser beaucoup la limite que j'ai assignée à la région postérieure de la langue. Ces papilles ont échappé à Daubenton et ne sont pas indiquées sur sa figure.

Les papilles calyciformes sont au nombre de trois, situées deux en avant et une en arrière ; le diamètre des deux premières est un peu plus faible que celui de la troisième.

La langue du *Pt. rubricollis* présente exactement la même constitution, les odontoïdes tridentés sont plus étroits et plus allongés ; l'ensemble de l'armure linguale semble plus puissant encore que dans l'espèce précédente.

Dans les autres genres, la complication est moindre, et on ne peut plus distinguer les odontoïdes coniques des odontoïdes foliacés ou des papilles villeuses ; les papilles filiformes de la base de la langue sont elles-mêmes quelquefois difficiles à reconnaître.

Ainsi, chez le *Cynonycteris amplexicaudata*, à part les odontoïdes tridentés dont la disposition et l'importance sont les mêmes que chez les *Pteropus*, tous les autres odontoïdes sont coniques et ne diffèrent que par leur plus grande longueur vers la pointe de la langue et par la direction extéro-interne qu'ils présentent sur les côtés de la région basilaire. Les papilles fongiformes sont nombreuses et répandues entre les odontoïdes coniques partout excepté à la pointe de la langue ; sur les côtés de la région antérieure, la plupart sont rangées en deux lignes, l'une suivant le bord de la langue, l'autre limitant le champ des odontoïdes tridentés.

Chez le *Cynopterus Scherzeri*, les odontoïdes tridentés sont peu nombreux et la langue médiocrement protractile, libre à peine dans sa moitié antérieure ; la disposition des diverses papilles est du reste la même que chez le *Cynonycteris*.

La langue charnue, large, aplatie, arrondie en avant de

l'*Hypsignathus monstrosus*, diffère beaucoup des précédentes ; son revêtement papillaire est beaucoup moins fort. Les odontoïdes tridentés, très développés comme d'habitude, forment un peu en arrière de la pointe un îlot arrondi d'un diamètre de 7 à 8 millimètres. Tout le reste de la langue, à l'exception des côtés de la base qui présentent les papilles filiformes habituelles, semble revetu de papilles uniformes, petites, serrées et terminées en pointe dirigée en arrière, un peu plus allongées dans le tiers postérieur. Leur étude attentive à la loupe montre cependant que celles qui occupent la ligne médiane en arrière des odontoïdes tridentés ont elles-mêmes trois pointes. Des papilles fongiformes nombreuses sont disséminées partout et même en avant des odontoïdes tridentés presque à la pointe de la langue. Le bourrelet qui entoure chacune des trois papilles calyciformes se résout lui-même en une série d'élévations qui lui donnent un aspect crénelé spécial.

La langue de l'*Epomophorus comptus*, par sa largeur moindre, son épaisseur plus considérable, ressemble davantage à celle des Roussettes, tout en étant construite sur le même type que la précédente et présentant la même extrémité obtuse et arrondie et la même distribution des papilles soit cornées, soit gustatives.

L'*Eonycteris spelæa* appartient au groupe des Macroglosses qui tient son nom de la longueur et de l'extrême protractilité de sa langue ; aussi dans ce groupe la langue, tout en gardant ses caractères essentiels, semble-t-elle avoir perdu tout rôle de trituration pour être surtout un instrument de préhension ; les papilles sont généralement flexibles et les odontoïdes tridentés eux-mêmes ne présentent qu'une médiocre rigidité.

La langue que j'ai observée, contractée par l'alcool, était longue de 27 millimètres depuis sa pointe jusqu'à la base de l'épiglotte et d'une largeur maxima de 7 millimètres. Les odontoïdes tridentés sont peu nombreux et répartis sur un champ linéaire d'une longueur d'un demi-centimètre. La pointe de la langue est couverte de papilles coniques ou plutôt filiformes, longues de 2 millimètres, serrées les unes contre les autres et

couchées d'avant en arrière. Au niveau du champ des odontoïdes tridentés elles perdent presque subitement leur longueur et sont remplacées par des papilles arrondies présentant
à peine une pointe obtuse en arrière, qui occupent les côtés de
ce champ, couvrent entièrement la langue en arrière et deviennent de plus en plus fines, formant une sorte de velours entre-
mêlé de papilles fongiformes. Autour et en arrière des papilles
calyciformes, les papilles deviennent de nouveau un peu plus
grosses. Enfin les papilles filiformes extéro-internes de la base
présentent leur aspect habituel, elles n'atteignent jamais la
longueur de celles de la pointe de la langue.

La langue du *Harpyia cephalotes* présente, ainsi que l'a
observé Pallas, quatre papilles calyciformes, particularité qui
la sépare de celle, non seulement de toutes les Roussettes,
mais de tous les Chiroptères que j'ai observés. Le revêtement
papillaire est aussi assez différent. La pointe de la langue et
les côtés du champ ordinaire d'odontoïdes tridentés sont cou-
verts de grosses papilles arrondies et d'un volume sensiblement uniforme. Les mêmes papilles se retrouvent dans la région postérieure de la langue, mais immédiatement en arrière
du champ d'odontoïdes tridentés on trouve un îlot de papilles
plus allongées terminées en pointe effilée qui convergent toutes
vers un point assez profondément déprimé. Sur les côtés de la
base de la langue, au lieu des longues papilles filiformes habituelles, on rencontre quelques papilles coniques et enfin une
bordure de grosses papilles aplaties en forme d'écailles à
direction extéro-interne.

Les papilles fongiformes sont peu nombreuses et irrégulièrement réparties en arrière et sur les côtés de la région des
odontoïdes simples. Les deux papilles calyciformes antérieures
sont notablement plus grosses que les postérieures, le bourrelet qui les entoure est très saillant. Entre elles, la muqueuse
est lisse et présente des plis en éventail qui dessinent une sorte
de coquille à la base de la langue.

M. Flower pense (1) que les papilles si développées de la

(1) Flower, *loc. cit.*

langue des Roussettes n'ont aucun rôle dans la trituration des aliments et ne leur servent qu'à nettoyer la membrane de leurs ailes. Sans nier leur importance pour ce dernier usage, il m'est impossible d'accepter l'opinion du savant professeur anglais. En effet, j'ai souvent observé des Roussettes captives qui se servent de leurs dents pour diviser les fruits dont elles font leur nourriture et séparer la pulpe des noyaux, puis écrasent la pulpe et en expriment les sucs en la pressant entre le palais et la langue qui agit par un mouvement de va-et-vient continuel comme une véritable râpe.

La muqueuse de la face inférieure de la langue et du plancher buccal est absolument lisse. Elle présente sur les côtés du frein de la langue une crête sublinguale dentelée qui va se terminer en avant en un barbillon bifide aplati, couché au fond de la gouttière oblique formée par la symphyse mandibulaire. C'est à la face inférieure de ce barbillon (fig. 3) que les canaux de Wharton viennent déboucher par deux pores très rapprochés; les canaux des glandes sublinguales s'ouvrent eux-mêmes dans les crêtes sublinguales.

MICROCHIROPTÈRES. — Les lèvres chez les Microchiroptères sont d'ordinaire moins développées et jouissent d'une moins grande mobilité que chez les Roussettes. La famille des Phyllostomides presque tout entière fait cependant exception à cette règle, et dans celle des Emballonurides le groupe des Noctilions ne le cède pas pour la complication des replis labiaux aux *Hypsignathus* eux-mêmes.

La langue est aussi généralement beaucoup plus réduite que dans le sous-ordre précédent, sauf dans le groupe des Glossophagiens où elle acquiert une longueur plus considérable que chez les *Eonycteris* et les Macroglosses eux-mêmes, et rappelle presque celle des Fourmiliers et des Echidnés. Son revêtement est assez simple et se borne à des papilles calyciformes constamment au nombre de deux, et des papilles fongiformes nombreuses disséminées au milieu des papilles coniques ou filiformes à peu près semblables sur toute la surface de la langue. Dans les grandes espèces de toutes les familles, des odontoïdes tridentés ou seulement bidentés en plus ou moins grand nombre forment vers la pointe de la langue un ilot qui rappelle le champ plus étendu que nous avons rencontré chez les Roussettes.

La nature des aliments ne permet plus aux ornements de la voûte palatine de jouer un rôle important dans leur trituration; aussi ne rencontre-t-on plus de crêtes dentelées, mais seulement des plis obtus plus ou moins saillants, tantôt simples, tantôt interrompus sur la ligne médiane de façon à constituer une gouttière palatine longitudinale.

Il me paraît, du reste, indispensable d'étudier la constitution des diverses parties de la cavité buccale dans les différentes familles et chez les principaux représentants de chaque famille que j'ai eu l'occasion d'étudier.

Rhinolophides et Nyctérides. — Les lèvres des Rhinolophes sont peu mobiles, le bord en est lisse et la face interne nue ne présente d'autre ornement qu'une papille de consistance cartilagineuse protégeant l'ouverture du canal de Sténon. En avant la voûte palatine se continue directement avec la lèvre supérieure entre les incisives; le bord de la lèvre inférieure est lui-même à peine séparé des incisives correspondantes.

Chez les *Phyllorhina* les lèvres sont plus mobiles et indépendantes de la voûte palatine; leur bord présente une crête papillaire très accentuée qui s'étend à peu près de la commissure aux canines de l'une et de l'autre mâchoire. Cette frange n'est par conséquent pas, comme le pense M. Dobson (1), spéciale aux espèces de régime frugivore, car nul Chiroptère n'est plus nettement insectivore que les *Phyllorhina*, comme je l'ai souvent constaté moi-même d'après le contenu du tube digestif.

Dans le genre Mégaderme, la lèvre inférieure est rattachée en avant à la gencive, la lèvre supérieure est, au contraire, très mobile. La frange papillaire existe, mais moins accusée que dans le genre précédent.

Elle fait absolument défaut chez les *Nycteris*, où les lèvres

____

(1) Dobson, *loc. cit.* Introduction, p. XXII.

jouissent encore d'une très grande mobilité. Dans ce genre, je n'ai trouvé aucune trace du conduit qui, d'après Geoffroy Saint-Hilaire (1), naîtrait du fond des joues et conduirait l'air dans un vaste réservoir pneumatique sous-cutané. Le peu de résistance vraiment extraordinaire du tissu conjonctif sous-cutané explique l'erreur dans laquelle cet illustre anatomiste me paraît être tombé.

La voûte palatine des Rhinolophes est de forme trapézoïdale, un peu plus étroite en avant qu'en arrière ; elle n'est pas nettement séparée en avant de la lèvre supérieure, mais un tubercule médian peu saillant situé en avant des pores de l'organe de Jacobson peut être considéré comme délimitant les régions palatine et labiale. Aux pores de Jacobson fait suite un espace libre présentant seulement deux tubercules latéraux situés à peu près au milieu de la distance qui sépare les incisives des canines.

Les plis palatins sont au nombre de sept, rarement huit, chez le *Rh. ferrum-equinum ;* tous sont interrompus sur la ligne médiane qui est creusée d'une gouttière palatine très accusée, surtout en arrière. Les premiers plis sont fortement convexes en avant, les derniers sont presque droits. Chez le *Rh. euryale* même, les plis se divisent en deux groupes, ceux des deux premières paires très courbés et des cinq autres paires presque droits, les deux derniers convergent vers la gouttière palatine. Les premiers plis sont les plus saillants, ceux situés en arrière sont taillés abruptement en avant et la dernière paire est même légèrement ondulée chez le *Rh. hipposideros ;* cette disposition peut être considérée comme une dernière trace de la division des ornements du palais en plis et crêtes si évidente chez la plupart des Roussettes.

Dans le genre *Phyllorhina,* la voûte palatine est beaucoup plus allongée et plus étroite en avant où elle est nettement délimitée soit par les incisives, soit par la saillie des os inter-

---

(1) Geoffroy Saint-Hilaire, *De l'organisation et de la détermination des Nyctères* (**Ann.** du **Mus.** d'hist. nat., XX, 1813, p. 15).

maxillaires. La disposition des plis palatins est très différente, suivant que l'on s'adresse à des espèces dont les incisives sont rapprochées sur la ligne médiane ou à des espèces où elles sont écartées. Dans le premier cas (*Ph. diadema, Ph. armigera*), la voûte palatine est très rétrécie en avant des canines et presque terminée en pointe. La région antérieure aux canines est occupée par trois tubercules saillants allongés dans le sens antéro-postérieur : l'un, médian, se termine en avant entre les pores de Jacobson ; les autres s'étendent jusqu'aux incisives. Les plis, au nombre de sept ou de huit, présentent la même disposition que chez les Rhinolophes, si ce n'est que le premier seul est convexe et qu'ils sont, en général, plus saillants. La gouttière palatine est aussi plus profonde, surtout en avant.

Chez le *Ph. Commersonii*, au contraire, dont les incisives sont très écartées et la voûte palatine très large en avant, les plis palatins sont plus convexes et la gouttière palatine fait absolument défaut ; les plis des deux côtés se rejoignent sur la ligne médiane et chaque paire est reliée à la paire suivante par un bourrelet étroit, mais assez saillant. La gouttière palatine est donc remplacée par un bourrelet.

Chez le *Megadernaa spasma*, la voûte palatine est plus étroite et plus allongée encore que dans le genre précédent ; les plis palatins, au nombre de onze, sont légèrement convexes en avant et à peu près parallèles. Tous présentent une légère interruption sur la ligne médiane, mais il n'y a pas, à proprement parler, de gouttière palatine.

Dans le genre *Nycteris* (*N. thebaica, N. Revoilii*), au contraire, le palais est court, large et arrondi en avant, les pores de Jacobson sont très petits et séparés par un gros tubercule de forme carrée, deux plis latéraux les réunissent aux canines. En arrière, existent six autres plis dont les deux premiers sont convexes, les autres droits ou à peu près. A l'exception de la première paire, les plis sont largement interrompus sur la ligne médiane, mais, de même que chez les Mégadermes, il n'existe pas de véritable gouttière palatine.

Le voile du palais est très court chez les *Rhinolophus* et les

Nycteris, un peu moins chez les *Phyllorhina*, assez allongé chez les Mégadermes. Les piliers antérieurs sont peu saillants et à peine musculeux, les piliers postérieurs circonscrivent, comme d'habitude, les arrière-narines, mais se perdent vers l'extrémité postérieure de cet orifice qui est alors mal délimité.

Les amygdales, d'ordinaire très réduites, font une assez forte saillie derrière les piliers antérieurs chez les *Phyllorhina*.

La région antérieure de la langue des Rhinolophes est couverte de papilles coniques, courtes et serrées, elles sont plus longues et plus molles dans la région postérieure. Un peu avant la pointe, on distingue, chez le *Rh. ferrum-equinum*, un îlot de cinq ou six odontoïdes tridentés, petits, du reste, et dépourvus d'usage. Il n'existe que deux de ces odontoïdes chez le *Rh. euryale*, et ils semblent manquer complètement chez le *Rh. hipposideros*. Dans toutes les espèces, les papilles fongiformes sont nombreuses et éparses dans toute la région postérieure et sur les côtés de la région antérieure jusqu'au niveau de l'îlot d'otondoïdes tridentés.

La disposition générale est la même dans le genre *Phyllorhina*. Partout les papilles sont petites, coniques, dirigées en arrière sur la ligne médiane, de dehors en dedans sur les parties latérales. Dans la région antérieure, elles sont plus petites et plus dures ; dans la région postérieure, plus longues et plus molles. Les odontoïdes tridentés sont plus nombreux que chez les Rhinolophes et forment un îlot assez considérable, beaucoup moins cependant que chez les Roussettes. Ces odontoïdes sont disposés en quinconce chez le *Ph. diadema*, sur quatre rangées chez le *Ph. armigera*.

Chez les Mégadermes, les odontoïdes tridentés sont plus nombreux encore, quoique beaucoup plus petits, et la langue longue et étroite du *M. spasma* n'est pas sans rappeler celle de l'*Eonycteris*. Les papilles fongiformes sont nombreuses et s'étendent jusqu'à la pointe de la langue en avant même du champ d'otondoïdes tridentés. La partie postérieure de la langue est creusée d'une gouttière longitudinale et les papilles marginales de la base de la langue légèrement aplaties et dirigées de dehors en dedans achèvent de rappeler celles des Roussettes.

La langue des *Nycteris* ne diffère de celle des Rhinolophes que par l'absence d'odontoïdes tridentés.

La face inférieure de la langue et le plancher buccal sont lisses; la crête sublinguale, bien développée et dentelée chez les Rhinolophides, est plus réduite chez les Mégadermes, presque nulle chez les *Nycteris*. Le barbillon sous lequel débouchent les canaux de Wharton est lui-même très petit dans ce dernier genre.

Vespertilionides. — Les lèvres des Vespertilionides sont tantôt peu mobiles, chez l'Oreillard (*Plecotus auritus*) par exemple, tantôt, au contraire, extensibles comme chez les Barbastelles (*Synotus*), les *Kerivoula*, les *Scotophilus*, et les *Vesperugo*.

Leur bord ne présente jamais de frange papillaire analogue à celle que nous avons rencontrée chez les *Phyllorhina* et les Mégadermes. La face interne est lisse et n'a d'autre ornement qu'une papille de chaque côté tant à la lèvre supérieure qu'à la lèvre inférieure. La première, située un peu en arrière de la canine, porte l'orifice du canal de Sténon; la seconde occupe une position correspondante à la lèvre inférieure, vis-à-vis des premières prémolaires ; elle marque le point où se termine la bande des glandes labiales. La papille du canal de Sténon prend l'aspect d'un bourrelet longitudinal dans certaines espèces, telles que le *Vespertilio murinus* et le *Kerivoula Hardwickii ;* dans les mêmes espèces, la papille de la lèvre inférieure est énorme et revêt la forme d'un tubercule ridé à sa surface ; elle est extrêmement saillante, quoique assez étroite, chez les *Vesperugo* et les *Scotophilus.*

La voûte palatine du *Vespertilio murinus* a la forme d'un rectangle limité en avant, entre les incisives, par un tubercule sur les côtés et en arrière duquel s'ouvrent les pores de Jacobson. Ceux-ci sont bordés en arrière par un pli transversal saillant qui réunit les incisives externes des deux côtés. Deux autres rides ininterrompues, convexes, s'étendent respectivement entre les premières prémolaires et les premières molaires, et sont suivies de cinq paires de rides interrompues sur la ligne médiane, la dernière confine à la ligne d'insertion du voile du palais.

Chez le *V. mystacinus*, il existe seulement, en avant, deux plis continus, et, par contre, il y a six paires de rides interrompues sur la ligne médiane au lieu de cinq.

Dans le *Kerivoula Hardwickii* et le *Miniopterus Schreibersii*, les pores de Jacobson ont la forme de fentes longitudinales et ne sont précédés par aucun tubercule ; les plis palatins ont le même nombre et la même disposition que chez les *Vespertilio*, ils sont cependant moins convexes et presque droits.

Chez l'Oreillard et la Barbastelle, il n'y a pas non plus de tubercule antérieur ; un pli transversal est suivi de six paires de plis interrompus, le dernier situé à la base du voile du palais.

Le tubercule antérieur est au contraire très saillant chez le *Scotophilus Temminckii* où il est suivi d'un pli palatin continu et de six paires de plis interrompus. La disposition est la même chez les *Vesperugo serotinus* et *Kuhlii*, si ce n'est que le tubercule antérieur se dédouble en deux tubercules, l'un antérieur, l'autre postérieur aux pores de Jacobson.

Chez l'*Atalapha noveboracensis* enfin dont les incisives sont très écartées, les pores de Jacobson sont eux-mêmes rejetés sur les côtés et suivis de sept paires de plis tous interrompus sur la ligne médiane.

Le voile du palais est large et court, les amygdales médiocres.

La langue des *Scotophilus* et des *Vesperugo* ressemble à celle des *Phyllorhina ;* la région antérieure est revêtue de papilles coniques pointues et très résistantes ; celles de la région postérieure sont grosses, obtuses et beaucoup plus molles. Vers la pointe existe un îlot d'odontoïdes tridentés assez forts chez le *Scotophilus*, plus faibles chez la Sérotine. Les papilles fongiformes, abondantes dans le premier genre, sont au contraire très clairsemées dans le genre *Vesperugo*.

Dans les autres genres, les odontoïdes tridentés font défaut ; les papilles filiformes présentent les mêmes caractères, courtes et serrées en avant, plus grosses en arrière, leur consistance n'est jamais considérable. Chez le *Vespertilio murinus*, les papilles fongiformes assez rares sont éparses en avant des papilles calyciformes jusqu'au cinquième antérieur de la langue. Elles sont plus abondantes et s'avancent plus près de la pointe chez le *V. mystacinus*; chez le *Miniopterus Schreibersii*, elles atteignent l'extrémité de la langue.

La langue de l'Oreillard montre une distinction plus tranchée entre les régions antérieure et postérieure; mais c'est toujours là affaire de différence dans le volume et la consistance des papilles. Les papilles fongiformes sont limitées à la base de la langue.

Emballonurides (sous-famille des *Emballonuriens*). — Parmi les Emballonuriens proprement dits, les lèvres sont très variables et se présentent sous trois aspects fort différents, suivant qu'on s'adresse à un Noctilion, à un Emballonure ou un *Rhinopoma* ou bien à un Taphien (*Taphozous, Saccopterix, Rhynchonycteris*).

Le développement extraordinaire, la forme étrange, les replis compliqués des lèvres du Noctilion sont connus depuis Linné et Daubenton. La fissure de la lèvre supérieure a même valu à la seule espèce connue de l'illustre fondateur de la nomenclature zoologique le nom de *leporinus*, et chacun sait que ce caractère joint à celui fourni par le nombre des incisives a conduit Linné à placer le Noctilion parmi les *Glires* dans la première édition du *Systema naturæ*. Je ne reproduirai pas ici une description minutieuse de ces appendices, description qui se rencontre dans tous les ouvrages de zoologie pure ; je crois cependant devoir faire remarquer que les Roussettes du genre *Hypsignathus* sont les seuls Chiroptères où l'appareil labial acquierre un aussi grand développement. Les joues participent à ce développement et peuvent admettre une grande quantité de nourriture. Ce ne sont cependant pas de véritables abajoues capables de garder les aliments en réserve, c'est-à-dire « des poches accessoires à celle de la cavité buccale, séparées d'elle par une cloison et s'y ouvrant par un orifice distinct(1). » La face interne de la lèvre supérieure est lisse, la papille du canal de Sténon peu saillante. Entre la mâchoire inférieure et la lèvre fait saillie un gros bourrelet dentelé parallèle à la mâchoire et s'étendant dans toute sa longueur.

Dans le genre *Emballonura* le museau est court et tronqué, les lèvres assez charnues, la lèvre supérieure seule complètement libre et jouissant d'une grande mobilité; leur face interne est toujours lisse.

Les lèvres du *Rhinopoma microphyllum* sont un peu moins mobiles, surtout la lèvre inférieure qui est étroitement rattachée à la symphyse mandibulaire.

Chez les Taphiens, au contraire, le museau est plus ou moins effilé et terminé en pointe; la lèvre supérieure charnue, très épaisse et non protractile, y est soudée de telle sorte que l'ensemble du museau et de la lèvre constitue une sorte de petite trompe assez mobile, saillante en avant de la bouche. Dans le genre *Taphozous*, la lèvre se continue directement avec le palais, et les prémaxillaires articulés avec les maxillaires accompagnent les mouvements du museau. La lèvre inférieure est elle-même assez mobile et indépendante de la mâchoire.

Chez les *Saccopterix* et surtout chez les *Rhynchonycteris*, la lèvre supérieure est beaucoup mieux séparée du palais et la trompe est mobile indépendamment des prémaxillaires; les autres caractères de l'appareil labial sont les mêmes que chez le *Taphozous*.

Le palais du *Taphozous* est limité en avant par un tubercule en forme de pique de carte à jouer dont le pédoncule se relie en arrière à deux petits plis transversaux. En arrière, trois plis interrompus s'étendent entre les canines et les premières prémolaires, puis viennent trois paires de plis convexes interrompus sur la ligne médiane, le dernier occupant à peu près

(1) Cuvier, *Anat. comp.*, 7ᵉ édit., IV, p. 384.

     H. A. ROBIN.

la ligne d'insertion du voile du palais. Il n'existe pas de gouttière palatine à proprement parler, l'interruption médiane des derniers plis en tient lieu. Je n'ai pu réussir à voir les pores de Jacobson.

Ces orifices existent chez le *Saccopterix*, mais sont très petits et situés à côté de deux très petits tubercules immédiatement en arrière des incisives ; le palais présente en arrière un seul pli continu entre les canines et cinq paires de plis interrompus plus convexes.

Chez le *Rhynchonycteris*, les pores de Jacobson ont la même disposition, les plis palatins au nombre de cinq semblent continus, les quatre derniers présentent cependant une courte dépression sur la ligne médiane.

Il existe de même cinq plis, les trois premiers ininterrompus, le dernier très peu accusé, chez l'*Emballonura* ; mais les pores de Jacobson sont limités en avant par un gros tubercule situé entre les incisives et latéralement par deux autres tubercules beaucoup plus petits.

De même que Gratiolet (1), je n'ai point trouvé de pores de Jacobson chez le Noctilion, ce n'est du reste pas le seul Chiroptère où il m'ait été impossible de constater la présence de ces orifices ; il en a été de même chez le *Taphozous*, le *Molossus* et plusieurs Phyllostomides. Le palais est strié par une série de onze plis serrés les uns contre les autres, non interrompus, mais présentant sur la ligne médiane une légère inflexion en arrière qui rompt la régularité de leur courbure.

Dans toutes ces espèces, tous les plis palatins, ou au moins les antérieurs, étaient complets. Chez le *Rhinopoma* au contraire, dont les affinités avec les Emballonuriens sont peu évidentes, tous les plis sont pairs et interrompus sur la ligne médiane par une gouttière palatine assez large comme chez les Rhinolophes.

La langue présente chez les petites espèces (*Emballonura, Saccopterix, Rhynchonycteris, Rhinopoma*) un revêtement de

____

(1) Gratiolet, *Recherches sur l'organe de Jacobson*, 1845, p. 12.

papilles coniques uniformes analogue à celui habituel chez tous les Microchiroptères, ces papilles sont particulièrement fines et résistantes chez le *Rhynchonycteris*, les papilles calyciformes sont assez écartées.

Chez le *Taphozous melanopogon* dont la taille est notablement plus considérable, il existe vers la pointe de la langue un îlot d'odontoïdes tridentés. Les papilles fongiformes sont plus nombreuses dans cette espèce que dans aucune autre de celles que j'ai étudiées ; elles sont surtout serrées dans le tiers moyen de la langue et abondantes jusque vers la pointe ; quoique plus rares dans la région des papilles calyciformes, on en trouve quelques-unes même en arrière de ces papilles.

La langue du Noctilion est très élargie et présente un champ d'odontoïdes tridentés assez vaste auquel fait suite une série de gros odontoïdes simples disposés en un quinconce extrêmement régulier.

Chez tous les Emballonuriens, la crête sublinguale est assez saillante et se termine dans un barbillon double chez le *Taphozous*, l'*Emballonura*, le *Rhinopoma*, le *Noctilio*, simple mais bifurqué chez le *Saccopterix* et le *Rhynchonycteris*.

Sous-famille des *Molossiens*. — Chez les Molossiens, l'extrémité du museau se projette encore en avant de la bouche, mais sa mobilité est beaucoup moindre que chez les Taphiens et surtout le *Rhynchonycteris*. Les lèvres sont épaisses et charnues, assez mobiles ; la lèvre supérieure entièrement séparée de la voûte palatine, la lèvre inférieure assez étroitement rattachée en avant à la symphyse maxillaire.

Les plis palatins sont tous interrompus sur la ligne médiane chez les *Molossus* où leur nombre est de neuf (*M. obscurus*), et chez les *Nyctinomus* où l'on n'en compte que cinq (*N. plicatus, N. acetabulosus*) ou six (*N. brasiliensis, N. Cestonii*).

La constitution du palais du *Cheiromeles torquatus* ressemble davantage à ce qui s'observe chez les Taphiens. Il existe en avant trois plis continus suivis de deux paires de plis interrompus. Le revêtement papillaire de la langue est simple, uniforme et ne présente pas même d'odontoïdes tridentés. La répartition des papilles fongiformes est assez régulière chez le *Nyctinomus plicatus* et le *N. brasiliensis* ; elles forment un petit groupe serré en avant des papilles calyciformes, on en trouve quelques autres sur la partie postérieure de la langue et dans toute la région antérieure ; il en existe seulement de chaque côté une rangée très régulière qui sépare la face supérieure papilleuse de la langue de la face inférieure lisse et s'étend jusqu'à la pointe. La même disposition se retrouve, mais avec beaucoup moins de régularité, chez les *N. Cestonii* et *brasiliensis*.

La crête sublinguale n'existe pas ; le barbillon est double chez les *Molossus* et les *Nyctinomus* et porte à sa face inférieure deux pores salivaires très faciles à voir, l'un en avant et en dedans, l'autre en arrière et en dehors. Chez le *Cheiromeles torquatus*, le barbillon est simple, arrondi et pas même bifide.

Phyllostomides. — Dans la famille des Phyllostomides, la bouche est terminale et le museau ne se prolonge plus en avant comme chez les Taphiens et les Mollosses parmi les Emballonurides.

Chez les espèces insectivores (*Phyllostoma hastatum*, *Macrotus Waterhousii*, *Carollia brevicauda*), la lèvre supérieure est très développée, charnue et très mobile : la lèvre inférieure l'est beaucoup moins, étant presque soudée en avant à la symphyse de la mâchoire inférieure. La face interne des lèvres ne présente pas d'autres ornements que la papille terminale du canal de Sténon quand elle existe. Le bord est lisse dans les deux premières espèces ; chez le *Carollia*, au contraire, la lèvre supérieure porte depuis la papille du canal de Sténon une crête dentelée peu saillante, il est vrai, mais très nette, qui semble un acheminement vers la crête papillaire des espèces frugivores. L'observation que nous avons faite plus haut d'une frange beaucoup plus développée chez le *Phyllorhina* ne permet d'en tirer aucune conclusion relativement au régime de l'animal.

Le *Glossophaga soricina*, qui, d'après M. Osburn (1), serait

<hr>

(1) Dobson, *loc. cit.*, p. 437.

p utôt frugivore au moins en partie, n'a pas de frange analogue. Il ne diffère des Phyllostomiens que par l'échancrure
de la lèvre inférieure qui permet à la langue de faire saillie
hors de la bouche alors même que celle-ci est fermée.

Chez l'*Artibeus perspicillatus*, type des Phyllostomides frugivores, les lèvres sont moins mobiles que dans les espèces précédentes. D'une canine à l'autre règne une frange formée
de plusieurs rangées de longues papilles coniques. Des papilles
analogues, mais plus petites, tapissent la partie antérieure de
la face interne des joues.

Des deux espèces de Phyllostomides sanguivores, je n'ai
étudié que le *Desmodus rufus*. La face est très raccourcie, les
molaires étant seulement au nombre de trois en haut et de
quatre en bas et rudimentaires. La bouche est donc peu largement ouverte. La lèvre supérieure forme deux lobes latéraux
peu accentués susceptibles de se relever; elle est en avant
bien distincte de la voûte palatine et ne recouvre pas entièrement les deux grandes incisives si caractéristiques de cet animal. La face interne des lèvres est lisse, la grosse papille du
canal de Sténon s'enfonce dans l'espace libre qui forme une
sorte de barre entre l'incisive et la canine de chaque côté.

Chez tous les Phyllostomides, les *Desmodus* exceptés, le palais présente une ornementation analogue à celle des Emballonurides proprement dits, c'est-à-dire en avant un certain
nombre de plis continus suivis de plis interrompus sur la ligne
médiane.

Ainsi chez le *Phyllostoma*, les pores de Jacobson sont limités par deux petites lèvres transversales et suivis de deux plis
continus convexes, puis de quatre paires de plis interrompus.
Chez le *Macrotus*, il existe trois petits plis transversaux entre
les canines et les premières prémolaires, puis deux gros et
enfin quatre paires de plis interrompus.

Dans le genre *Glossophaga*, la voûte palatine, très allongée et très étroite, présente en arrière de deux pores de Jacobson très visibles, trois plis continus et cinq paires de plis interrompus ; ceux-ci sont séparés par une gouttière assez profonde.

Chez le *Carollia* où je n'ai pu trouver de pores de Jacobson, il existe un seul pli transversal ininterrompu suivi de six paires de plis interrompus par une gouttière médiane assez profonde. Ces plis portent de chaque côté une rangée de papill e arrondies semblables à des verrues.

Le palais de l'*Artibeus* présente en avant un pli transversal entre les canines, un autre pli infléchi au milieu entre les deuxièmes prémolaires, puis trois ou quatre paires de plis de moins en moins saillants qui se perdent insensiblement dans deux champs latéraux de fines papilles ; des papilles analogues recouvrent les plis les mieux accusés.

Chez le *Desmodus* enfin, le palais est très différent ; il est extrêmement concave et sa forme est celle d'une voûte comprimée latéralement et infléchie d'avant en arrière. La gouttière médiane est par conséquent extrêmement profonde. De chaque côté existent des plis saillants presque droits au nombre de sept paires, les deux premiers très courts.

Le voile du palais est d'ordinaire étroit et très allongé, ses piliers antérieurs assez obliques en avant, ses piliers postérieurs entourent les arrière-narines et leur forment un véritable bourrelet. Le voile est notablement plus court chez le *Desmodus* que dans les autres espèces. Les amygdales d'ordinaire très réduites sont assez saillantes dans cette espèce et chez les Glossophages.

La forme de la langue et la disposition de son revêtement présentent des différences caractéristiques suivant les quatre groupes que j'ai étudiés (Phyllostomiens, Sténodermes, Glossophagiens, Desmodiens).

1° *Phyllostomiens.* — La langue du *Phyllostoma*, arrondie en avant, libre sur les deux cinquièmes de sa longueur, est assez mobile, elle est revêtue de papilles coniques de même forme, mais un peu plus grosses dans la région moyenne. Quelques odontoïdes bidentés plutôt que tridentés se rencontrent près de la pointe de la langue, c'est leur réunion que Geoffroy Saint-Hilaire a cru former un organe de succion, une sorte de ventouse. Les deux papilles calyciformes sont situées relativement très en avant, des papilles coniques ordinaire s'étendent en arrière d'elles presque jusqu'à la glotte, un espace triangulaire reste cependant lisse sur la ligne médiane à la base de la langue. Les papilles fongiformes sont répandues dans toute la partie antérieure aux papilles calyciformes ; elles sont très grosses dans la région postérieure, beaucoup plus fines dans la région terminale.

Chez le *Carollia*, les papilles fongiformes sont plus rares, el'space lisse situé sur la ligne médiane à la base de la langue, plus allongé et linéaire, s'étend jusqu'entre les papilles calyciformes.

La langue du *Macrotus* est un peu plus effilée et plus pointue que celle des deux genres précédents, la disposition du revêtement papillaire est du reste exactement la même.

2° *Sténodermes*. — La langue de l'*Artibeus perspicillatus* est courte, large, arrondie en avant, médiocrement mobile, et malgré l'identité de régime ne rappelle en rien la langue protractile des Mégachiroptères. Son revêtement est cependant beaucoup moins simple que chez les Microchiroptères insectivores.

On y peut distinguer nettement deux régions antérieure et postérieure de longueur égale. Les deux papilles calyciformes sont situées assez près de la base de la langue, celle-ci est lisse en arrière d'elles jusqu'à la glotte. En avant, la région postérieure est couverte de papilles arrondies en forme d'élevures ou de verrues très petites d'abord, qui, progressivement, deviennent assez grosses ; leur bord antérieur est plus saillant et plus escarpé que le postérieur, et sur les plus grosses qui sont en même temps celles situées le plus en avant, ce bord devient ondulé ; on peut les appeler des verrues dentelées en avant. La dentelure est, du reste, très obtuse, et n'est pas comparable aux pointes de odsontoïdes des Roussettes, pointes qui sont d'ailleurs dirigées en sens contraire. Mais toute la région antérieure est revêtue de papilles coniques grosses et courtes, dures, qui sont de véritables odontoïdes bidentés. La transition entre les deux régions de la langue se fait très rapidement, les verrues de la région postérieure diminuant de volume pour former les papilles coniques.

3° *Glossophagiens*. — Ce groupe doit son nom au développement extraordinaire de sa langue, dont on chercherait en vain l'analogue dans d'autres représentants de l'ordre des Chiroptères. Sa longueur est telle, qu'elle doit se replier sur elle-même pour rentrer dans la bouche; elle fait d'ordinaire saillie au dehors par l'échancrure de la lèvre inférieure. Elle est grêle, effilée et terminée en pointe, libre dans ses deux tiers antérieurs.

Le revêtement en est extrêmement simple : des papilles coniques, courtes et très serrées, forment une sorte de velours s'étendant bien en arrière des papilles calyciformes, presque jusqu'à la glotte. Les papilles de la pointe sont un peu plus allongées, beaucoup moins cependant chez le *Glossophaga*, que j'ai étudié, que chez le *Chœronycteris mexicana*, dont la langue est figurée par M. Dobson (1).

4° *Desmodiens*. — La langue du *Desmodus*, elle aussi, diffère de celle de tous les autres Chiroptères, mais par un caractère d'un tout autre ordre, l'absence de papilles calyciformes. Les papilles fongiformes sont elles-mêmes rares, de sorte que le goût semble extrêmement obtus chez cet animal.

Considérée dans sa forme générale, la langue est arrondie, l'extrême sommet seul s'étirant en pointe. Elle est libre dans sa moitié antérieure et très mobile. A la face inférieure, deux gros muscles rétracteurs font une saillie considérable, constituant une sorte de sous-langue qui s'étend jusqu'à la pointe.

La face supérieure présente en arrière une bande médiane lisse, à laquelle fait suite en avant une gouttière peu prononcée dans certains exemplaires. Le revêtement est uniquement constitué par des papilles coniques courtes et très serrées qui ne peuvent pas, comme certains auteurs (2) le supposent servir

---

(1) Dobson, *loc. cit.*, pl. XXVII, fig. 5.

(2) Geoffroy Saint-Hilaire, *loc. cit.* — Owen, *Comp. anat. of Vertebrates*, III, p. 192. — P. Gervais, *Hist. nat. des Mammifères*, I, p. 154.

au *Desmodus* à entamer la peau des animaux dont il suce le
sang. La force des incisives rend, du reste, tout rôle de la
langue parfaitement inutile à cet égard. Peut-être, après que
la peau a été entamée par les incisives, les lèvres s'appliquent
autour de la blessure à la façon d'une ventouse ; la langue
pourrait alors, grâce à sa mobilité, servir comme un piston
pour aspirer le sang.

La crête sublinguale est d'ordinaire peu développée ; elle est
cependant extrêmement allongée chez le Phyllostoma où elle
dépasse l'étendue non seulement des glandes sublinguales,
mais de la partie libre de la langue. Il existe d'ordinaire deux
barbillons qui, chez le Glossophage, sont très allongés et très
déchiquetés sur le bord. Chez le *Desmodus*, au contraire, ils
sont larges, carrés et très écartés l'un de l'autre. Le barbillon
est unique et à peine dentelé chez l'*Artibeus*.

La cavité buccale est tapissée par une muqueuse dermoïde
à épithélium pavimenteux stratifié ; la couche cornée de l'épithélium devient très épaisse sur les plis du palais et surtout
les papilles dures de la région antérieure de la langue ; dans
les odontoïdes tridentés de la langue du *Pteropus medius*,
l'épithélium n'a pas moins de 0^{mm},3 d'épaisseur.

Des glandes en grappe existent à la face interne des lèvres
et des joues, sur la partie postérieure de la langue vers le niveau des papilles calyciformes et en arrière sur le voile du
palais et la portion postérieure de la voûte palatine.

CONCLUSIONS.

1° La bouche est très largement ouverte chez tous les types,
les *Desmodus* exceptés ; les lèvres, et surtout la lèvre supérieure,
sont d'ordinaire assez mobiles et quelquefois protractiles (la
plupart des Roussettes, Noctilions). La lèvre supérieure se
continue souvent en avant, sans séparation nettement apparente avec la voûte palatine.

2° La frange papillaire plus ou moins saillante qui garnit le bord interne des lèvres, de la canine supérieure à la canine inférieure de chaque côté, n'est pas absolument propre aux Chauves-Souris qui se nourrissent de fruits, comme le pense M. Dobson ; on la rencontre quelquefois, quoique rarement, chez des espèces insectivores (*Phyllorhina*, *Megaderma*, *Carollia*).

3° La face interne des lèvres est d'ordinaire lisse et ne présente d'autre ornement que la papille terminale du canal de Sténon, et quelquefois une papille correspondante à la lèvre inférieure. Chez le *Harpyia* (Pallas) et l'*Artibeus* cependant elle est revêtue de papilles serrées plus ou moins saillantes.

4° Il n'existe jamais, comme l'a bien vu Cuvier, de véritables abajoues, contrairement à l'opinion de Meckel et de Stannius.

5° Les ornements du palais présentent d'ordinaire dans chaque genre et souvent, jusqu'à un certain point, dans chaque famille une constance de disposition qui peut fournir des caractères taxonomiques importants. Nous ne reviendrons point sur ces dispositions que nous avons exposées plus haut.

6° Le voile du palais présente une disposition analogue à celle que l'on connaît chez le Cheval ou l'Éléphant, et qui permet aux Chiroptères de voler la bouche ouverte sans gêner les mouvements respiratoires. Le bord libre du voile du palais s'appuie sur l'épiglotte saillante de façon à fermer entièrement en arrière la cavité buccale. Les piliers postérieurs du voile circonscrivent plus ou moins complètement les arrière-narines avant de se perdre dans la paroi du pharynx.

7° La langue porte un revêtement papillaire très complexe chez les espèces frugivores, surtout dans le sous-ordre des Mégachiroptères, beaucoup plus simple chez les espèces insectivores ou sanguivores. Un caractère constant chez les espèces de grande taille de toutes les familles est la présence un peu en arrière de la pointe de la langue, d'un groupe plus ou moins important d'odontoïdes tridentés ou quelquefois bidentés.

8° Il existe, comme à l'ordinaire, deux sortes de papilles gustatives : des papilles fongiformes et des papilles calyci-

formes. Les dernières sont au nombre de trois chez les Mégachiroptères (Daubenton), sauf dans le genre *Harpyia* où il y en
a quatre (Pallas). Chez les Microchiroptères, on en trouve seulement deux (Daubenton). Les Desmodiens sanguivores n'en
possèdent pas du tout ; je crois être le premier à signaler ce
dernier fait.

9° Il existe constamment, contrairement à l'assertion de
M. Flower, un barbillon très saillant, d'ordinaire bifide ou
double, couché sur la symphyse maxillaire, à la face inférieure
duquel viennent déboucher les conduits des glandes sous-
maxillaires. D'ordinaire, à ce barbillon fait suite, de chaque
côté du frein de la langue, une crête dans laquelle s'ouvrent
les canaux des glandes sublinguales.

§ 2. — Œsophage et estomac.

L'œsophage traverse toujours le thorax en ligne droite, et se
continue au delà du diaphragme dans la cavité abdominale sur
une longueur de quelques millimètres ; cette portion terminale s'infléchit souvent vers le côté gauche.

Le diamètre de l'œsophage est proportionnellement beaucoup plus grand chez les espèces insectivores que chez les
espèces frugivores Ainsi, chez les plus grandes Roussettes, il
ne dépasse jamais 2^{mm},5, il est même réduit chez le *Harpyia* à
1 millimètre. Dans les petites espèces de Chauves-Souris insectivores, il est rarement plus réduit que dans ce dernier cas, et
d'ordinaire il est notablement plus grand ; le *Noctilio leporinus*,
bien que de taille médiocre, ne le cède sous ce rapport à aucun
Mégachiroptère. L'œsophage du *Rhinopoma microphyllum* est
remarquable par son diamètre (presque 2 millimètres) considérable enégard aux faibles dimensions de l'animal. Dans la famille des Phyllostomides, qui compte des représentants de
régime varié, l'*Artibeus*, qui est frugivore, n'a pas l'œsophage
plus large que le *Glossophaga*, bien que l'animal soit de taille
trois fois plus grande. Chez le *Desmodus*, qui se nourrit de
sang, l'œsophage est assez étroit (un peu plus de 1 millimètre),

beaucoup moins cependant que ne le dit M. Dobson qui le compare à un gros vaisseau sanguin.

La muqueuse œsophagienne est lisse et présente seulement d'ordinaire des plis longitudinaux parallèles plus ou moins serrés se continuant de l'arrière-bouche au cardia ; ces plis sont dus à la contraction de la tunique musculaire et susceptibles de s'effacer lorsque l'œsophage se dilate. Ils ne me paraissent exister dans aucun cas chez les *Pteropus*, *Hypsignathus*, *Harpyia*, où j'ai toujours trouvé la muqueuse lisse ou présentant des plissements rares et irréguliers dus à l'action de l'alcool. Ils sont, au contraire, très nets chez les autres Roussettes et dans la généralité des Microchiroptères.

L'œsophage s'ouvre directement dans l'estomac, jamais il n'existe de valvule cardiaque.

La muqueuse est, comme à l'ordinaire, revêtue par un épithélium pavimenteux stratifié à la base duquel existe une très mince couche de fibres musculaires lisses (musculaire propre de la muqueuse). Le tout est séparé par du tissu conjonctif de la tunique musculaire formée elle-même de deux couches longitudinale et circulaire de fibres musculaires striées.

L'estomac des Chiroptères se présente sous trois formes typiques, suivant qu'on l'observe chez les Mégachiroptères Ptéropodides, les Microchiroptères insectivores et frugivores, ou bien les Desmodiens sanguivores. Dans le premier cas, il se divise nettement en deux portions, l'une en continuité de direction avec l'œsophage dont elle semble n'être qu'une dilatation, l'autre transversale répondant à l'estomac des Mammifères ordinaires avec sa région pylorique extrêmement développée. Chez les Microchiroptères, ce dernier compartiment existe seul, le grand cul-de-sac et la région pylorique sont sujets à certaines variations, mais d'un développement à peu près égal. Enfin l'estomac du *Desmodus* diffère de celui de tous les autres Mammifères en ce que le cardia et le pylore sont adjacents, de sorte que la poche stomacale est représentée seulement par le grand cul-de-sac étroit et extrêmement allongé qui constitue un véritable cæcum intestiniforme.

MÉGACHIROPTÈRES. — *Ptéropodides*. — L'estomac de la Roussette (*Pteropus Edwardsi*) a été très exactement décrit par Cuvier (1) dans son *Anatomie comparée* : « L'œsophage paraît donner dans une poche arrondie séparée du cul-de-sac gauche et du droit par un sillon profond, son insertion est très loin du pylore..... La partie droite est deux fois et demie aussi longue que la précédente (grand cul-de-sac), elle forme un gros boyau à paroi mince, deux fois replié sur lui-même, ayant plusieurs étranglements qui lui donnent quelque ressemblance avec un gros intestin d'Herbivore. » Everard Home (2) a signalé sur la muqueuse des plis longitudinaux et a donné de l'estomac ouvert une figure très schématique, du reste, reproduite par M. Owen (3). Ce dernier auteur n'a pas reconnu l'importance de la « poche arrondie » dans laquelle débouche l'œsophage que dans son texte il considère comme étant seulement une dilatation de ce conduit.

L'estomac comprend donc deux parties ; la première ou portion cardiaque (4), qui semble n'être qu'un renflement piriforme de l'œsophage, est dirigée longitudinalement ou un peu inclinée de gauche à droite ; un rétrécissement très accusé la sépare de la seconde portion ou portion transversale. Une contraction peu sensible permet de diviser encore celle-ci en grand cul-de-sac et région pylorique. Le grand cul-de-sac est très spacieux, carrément terminé ; la région droite ou pylorique se replie deux fois sur elle-même de façon à revenir près de l'œsophage et à s'en écarter de nouveau avant de se terminer au pylore. La figure 6, qui représente un estomac de *Pteropus medius* retourné, mais dont les différentes parties ont été replacées dans leurs rapports naturels, fera comprendre cette description.

(1) Cuvier, *Anat. comp.*, 1re édition, III, p. 374, 1805 ; 2e édit., IV, 2e partie, p. 31.

(2) Everard Home, *loc. cit.*

(3) Owen, *Comp. anat. of Vertebrates*, III, p. 429, fig. 326.

(4) M. Dobson donne le nom de portion cardiaque, non pas à la partie que nous désignons ainsi, mais au grand cul-de-sac.

La muqueuse stomacale présente dans toute la portion transversale cinq ou six plis longitudinaux très saillants (l'opération du retournement les a en partie fait disparaître vers l'extrémité pylorique dans la figure 6), continus depuis le pylore où ils naissent d'un bourrelet circulaire faisant fonction de valvule, jusqu'à l'extrémité du grand cul-de-sac où ils se recroquevillent sur eux-mêmes et s'atténuent pour disparaître; des plis transversaux moins saillants les réunissent entre eux. Dans la portion cardiaque il existe quatre de ces bourrelets, deux en avant, deux en arrière, qui vont se terminer angulairement sur les deux plus élevés des précédents. Au cardia, la largeur de ces bourrelets les fait nettement distinguer des rides œsophagiennes beaucoup plus petites et plus nombreuses quand elles existent. Cette disposition de la muqueuse rappelle celle de la caillette des Ruminants.

L'estomac du *Cynonycteris amplexicaudata* présente la même disposition; il est cependant plus étroit et plus allongé et le pylore est situé tout à côté de l'œsophage au point où la partie réfléchie de la région pylorique se replie pour former le duodénum.

Chez l'*Epomophorus comptus*, la portion cardiaque est beaucoup plus allongée que partout ailleurs et couchée sur la région transversale dans laquelle elle s'ouvre par une fente limitée par deux bourrelets saillants. La région pylorique est réfléchie sans que le pylore vienne tout à côté du cardia. Les plis de la muqueuse sont au nombre de trois dans la portion cardiaque.

Dans le genre *Hypsignathus*, si voisin cependant, l'estomac (fig. 7) est très différent et rappelle plus que celui d'aucune autre Roussette vraie la forme que l'on est habitué à rencontrer chez les Mammifères ordinaires. La portion cardiaque est allongée et fusiforme, le grand cul-de-sac au lieu d'être tubulaire prend la forme d'une poche arrondie et très renflée; la région pylorique relativement très large, bien que nettement séparée du cul-de-sac, ne se replie pas le long de la petite courbure pour constituer une partie directe et une partie réfléchie, mais s'élève verticalement pour se terminer au niveau du cardia dont le pylore est séparé par un mésentère assez large. Les plis de la muqueuse, au nombre de trois dans la portion cardiaque, sont plus nombreux et moins saillants que dans les autres espèces dans la portion transversale.

L'estomac de l'*Eonycteris spelœa* est caractérisé par son petit diamètre et son aspect tubuliforme (fig. 8). La portion cardiaque ne se distingue pas de l'œsophage à l'extérieur, la structure de sa muqueuse la fait seule reconnaître; la partie réfléchie de la région pylorique est intimement accolée à la partie directe; l'ensemble rappelle l'estomac du *Cynonycteris amplexicaudata*. Le pylore n'est point limité par un bourrelet circulaire et les plis stomacaux font place sans transition aux villosités duodénales.

Harpyia. — Dans le genre *Harpyia*, l'estomac est très différent et semble appartenir à un Microchiroptère et non à une Roussette; la portion cardiaque manque complètement ou du moins n'est représentée que par un élargissement conique de l'œsophage sans changement de structure dans la muqueuse; le grand cul-de-sac est plus allongé dans le sens transversal que la région pylorique courte et droite se continuant directement, sans aucune inflexion avec le duodénum. La muqueuse présente des plis serrés parallèles et peu saillants comme chez les Microchiroptères. Je n'ai pu observer la structure du pylore détruit dans l'exemplaire que j'ai disséqué.

Les dimensions relatives des diverses parties de l'estomac dans les espèces que j'ai citées sont les suivantes :

	PORTION CARDIAQUE.	GRAND CUL-DE-SAC.	RÉGION PYLORIQUE.
	m.	m.	m.
Pteropus medius...............	0,030	0,032	0,080
Pteropus rubricollis............	0,012	0,022	0,030
Hypsignathus monstrosus........	0,016	0,032	0,025
Epomophorus complus..........	0,015	0,028	0,020
Eonycteris spelœa.......	0,008	0,011	0,024
Harpyia cephalotes.............	0	0,012	0,005

MICROCHIROPTÈRES. — L'estomac des Microchiroptères diffère beaucoup de celui des Mégachiroptères, les *Harpyia* exceptés. La portion cardiaque en continuité de direction avec l'œsophage y fait entièrement défaut. C'est une poche simple globuleuse, présentant une petite et une grande courbure comme chez les Mammifères ordinaires. L'œsophage y débouche vers le milieu de sa longueur, souvent plus près, quelquefois plus loin du pylore que de l'extrémité du grand cul-de-sac. La cavité est absolument simple et les termes grand cul-de-sac et région pylorique que j'emploierai pour la commodité de la description ne s'appliquent pas à des parties réellement distinctes, mais indiquent seulement ce qui est situé à gauche ou à droite du cardia.

Je ne crois pas devoir distinguer, avec Cuvier (1), deux formes : « l'une globuleuse, l'autre longitudinale conique avec un petit cul-de-sac pylorique. » Toutes les transitions existent en effet entre ces deux formes qui souvent se rencontrent parfaitement caractérisées dans des espèces très voisines d'ailleurs, parmi les Emballonurides en particulier, et qui, contrairement à ce que pensait Cuvier, ne sont aucunement liées au régime de l'animal. Quant au cul-de-sac pylorique, il est presque toujours peu saillant et ne constitue qu'une bosselure latérale qui quelquefois peut exister ou faire défaut, suivant l'état de réplétion de l'estomac.

L'estomac des Rhinolophes (fig. 19) est arrondi, presque cylindrique, avec un grand cul-de-sac un peu anguleux, un cul-de-sac pylorique à peine indiqué. Le cardia est à peu près à distance égale du fond du grand cul-de-sac et du pylore. Il est plus éloigné de cet orifice chez les *Phyllorhina*.

Chez les Mégadermes, la région pylorique est encore assez allongée, bien que le cardia tende à se rapprocher du pylore ; dans le genre *Nycteris*, les deux orifices sont tout à fait voisins et l'estomac très globuleux.

L'estomac des Vespertilions se rapproche de celui des Méga-

(1) Cuvier, *loc. cit.*

dermes; il est plus allongé que celui des Rhinolophes. Le grand cul-de-sac, atténué vers son extrémité, se recourbe en haut vers l'œsophage; le cardia est un peu plus près du pylore que du fond du cul-de-sac. La forme est presque identique chez le *Miniopterus Schreibersii*. L'estomac de la Barbastelle et de l'Oreillard est plus recourbé encore et prend la forme d'un croissant dans la concavité duquel l'œsophage vient déboucher au milieu dans le premier cas, un peu à droite dans le second.

Dans le genre *Vesperugo*, au contraire, l'estomac tend à revêtir une forme cylindrique peu nette chez le *V. Kuhlii*, très accusée, au contraire, chez la Sérotine, où le grand cul-de-sac est très réduit relativement à la région pylorique. Le *Scotophilus Temminckii* est intermédiaire quant à la forme de l'estomac entre les deux espèces précédentes.

Chez l'*Atalapha noveboracensis*, le grand cul-de-sac perd beaucoup de son développement, le cardia s'en rapproche, et la région pylorique devient allongée et conique.

Dans la famille des Emballonurides, l'estomac subit de très grandes variations, et, chez des espèces très voisines, du reste, et de régime identique, on rencontre l'exagération de toutes es formes qu'il peut revêtir. L'examen des figures 9, 10 et 11, qui représentent ce viscère chez l'*Emballonura nigrescens*, le *Rhynchonycteris naso* et le *Taphozous melanopogon*, permet de le constater et le montre sous trois formes différentes, globuleuse, conique et cylindrique.

Dans le premier cas (*Emballonura*) (fig. 9), le pylore et le cardia sont très rapprochés l'un de l'autre, et la poche stomacale, presque sphérique, semble être un diverticulum latéral du tube digestif. La même forme se retrouve, mais avec un peu moins de netteté, le pylore et le cardia étant plus éloignés chez le *Saccopterix*.

Chez le *Rhynchonycteris* (fig. 10), au contraire, le cardia est très éloigné du pylore et la région pylorique rétrécie, conique et recourbée.

Enfin, chez le *Taphozous* (fig. 11), l'estomac est encore très allongé et le cardia s'ouvre presque à l'extrémité du grand cul-de-sac, mais la région pylorique n'est pas rétrécie, de sorte que la largeur de l'estomac varie peu dans toute sa longueur et qu'il a une forme presque cylindrique. La forme de l'estomac est analogue dans son ensemble chez le Noctilion, mais plus large et plus raccourcie.

L'estomac du *Rhinopoma microphyllum* se rattache à la forme conique, les orifices pylorique et cardiaque sont assez éloignés, mais la petite courbure, en se repliant parallèlement à elle-même, les amène presque en contact et donne à l'estomac l'aspect d'une anse très renflée.

Chez les Molosses et les Nyctinomes, l'estomac est globuleux et les orifices œsophagien et intestinal rapprochés, sans être aussi voisins cependant que chez l'*Emballonura*. La petite courbure est représentée par une ligne presque droite, surtout chez les Nyctinomes.

Le singulier genre *Cheiromeles* a une forme stomacale très différente, et qui, par la disposition de sa région pylorique, semble tendre vers la forme caractéristique des Roussettes. Cette région, en effet, cylindrique ou à peine conique, se dirige d'abord de gauche à droite, puis, vers son extrémité, se recourbe sur elle-même avant de se terminer au pylore, de sorte que le duodénum revient vers le cardia. Cette disposition n'est pas sans analogie avec celle des Mégachiroptères à estomac assez simple, comme les *Epomophorus*. Quant au grand cul-de-sac, il est très développé.

Parmi les Phyllostomides, les espèces frugivores semblent seules répondre à la description de Cuvier, pour lequel la région pylorique serait particulièrement allongée dans cette famille, au moins cette caractéristique ne s'applique-t-elle à aucune des quatre espèces insectivores que j'ai observées.

Chez le *Glossophaga soricina*, l'estomac est aussi globuleux que chez l'*Emballonura*; les deux orifices sont très rapprochés et la poche stomacale forme, à gauche et au-dessous du pylore, une saillie presque égale au grand cul-de-sac.

Le cul-de-sac pylorique est plus réduit, mais les deux orifices sont un peu plus éloignés et le grand cul-de-sac vaste et globuleux chez le *Phyllostoma hastatum* et le *Macrotus Water-housii*. La poche stomacale est plus allongée et plus cylindrique chez le *Carollia brevicauda* (fig. 12), l'œsophage débouche vers le milieu de sa longueur. La région pylorique, qui le cède encore de beaucoup au grand cul-de-sac, est étranglée vers son extrémité et se recourbe au niveau du pylore, le duodénum revenant vers l'œsophage.

L'estomac de l'*Artibeus* répond davantage à la description de Cuvier, la région pylorique est relativement plus développée, elle se replie, comme le montre la figure 18, à son extrémité, de sorte que le duodénum se dirige d'abord de droite à gauche ; le pylore est situé immédiatement après la courbure ; le cardia à égale distance entre cet orifice et le fond du grand cul-de-sac.

Desmodiens. — L'estomac si singulier du *Desmodus rufus*, décrit pour la première fois par M. Huxley (1), est un long tube intestiniforme replié sur lui-même, formant dans l'hypochondre gauche une masse circonvolutionnée indépendante de la masse intestinale (fig. 13). Ce long boyau qui, d'après M. Huxley, égalerait en longueur les deux tiers de l'intestin et que j'ai trouvé seulement égal aux deux septièmes de ce tube, représente uniquement le grand cul-de-sac. En effet, l'orifice pylorique a la forme d'une boutonnière séparant l'estomac de l'intestin et s'étend obliquement au-dessous du cardia auquel touche son bord supérieur ; les deux orifices sont absolument adjacents, je dirais presque coïncident, et la région pylorique fait entièrement défaut.

La forme du boyau stomacal est très différente, suivant qu'on l'observe chez un animal à jeun ou gorgé de sang. Dans le premier cas, qui est celui représenté par la figure 13, le diamètre est constant dans toute la longueur et un peu supérieur à celui de l'intestin, l'estomac est seulement un peu plus étroit dans son demi-centimètre initial, près des orifices cardiaque et pylorique. Au contraire, sur un animal qui a été tué

(1) Huxley, *loc. cit.*

au moment de la digestion, le sang coagulé est accumulé dans la partie terminale de l'estomac dont le diamètre devient alors jusqu'à cinq ou six fois plus grand, il va régulièrement en augmentant du cardia à l'extrémité ; ce dernier cas paraît être celui observé par M. Huxley.

Le tube stomacal est replié trois fois sur lui-même, de façon à former quatre replis parallèles dont les deux derniers, auxquels est rattachée la rate, sont beaucoup plus courts.

La muqueuse stomacale présente un aspect identique chez toutes les espèces insectivores ; partout elle forme une série de plis assez saillants, plus ou moins serrés les uns contre les autres, qui s'étendent parallèlement depuis l'extrémité du grand cul-de-sac jusqu'au pylore, augmentant considérablement la surface sécrétante du suc gastrique ; droits dans toute la région pylorique où ils ne présentent que peu ou pas d'anastomoses, ces plis se recroquevillent et s'emmêlent vers l'autre extrémité. Ils se terminent brusquement au pylore, qui tantôt n'est guère marqué que par leur disparition, tantôt au contraire est limité par un bourrelet circulaire ou valvule pylorique assez saillant.

Dans l'estomac des *Desmodus*, on voit encore des plis parallèles analogues ; mais au lieu de grosses rides épaisses, ce sont des crêtes extrêmement minces et peu saillantes, très serrées, réunies par des anastomoses transversales aussi élevées qu'elles-mêmes, de sorte que le tout dessine un treillage aréolaire extrêmement serré et très élégant qui rappelle celui du poumon de certains Reptiles, des Iguanes par exemple.

Les rides longitudinales manquent chez l'*Artibeus* et sont remplacées par des nervures obliques irrégulièrement entrecroisées et peu saillantes. Ces nervures circonscrivent de larges mailles dans lesquelles se rencontrent un grand nombre de petites dépressions non visibles à la surface extérieure.

La valvule pylorique est particulièrement accusée chez les *Megaderma, Vesperugo, Scotophilus, Carollia, Desmodus*. Elle paraît faire entièrement défaut chez tous les Emballonurides.

La tunique musculaire de l'estomac est constituée, comme dans tout le reste du tube digestif, par une double couche de fibres musculaires de direction croisée ; chez les Roussettes, elles peuvent encore être dites longitudinales et transversales, mais chez les Microchiroptères elles sont obliques dans l'une et l'autre couche. Ces fibres sont lisses comme dans l'intestin, et non striées comme dans l'œsophage. Une épaisse couche de tissu conjonctif les sépare de la muqueuse et s'enfonce dans les plis de celle-ci. Enfin il existe une couche musculaire propre de la muqueuse formée elle-même de fibres obliques.

Quant à la muqueuse, son épaisseur chez le Murin est de $0^{mm},2$ à $0^{mm},3$; chez la Roussette (*Pteropus medius*) elle atteint $0^{mm},5$ dans le grand cul-de-sac où elle est le plus considérable, elle n'est que de $0^{mm},25$ dans la région cardiaque. Elle est pour ainsi dire uniquement constituée par des glandes en tube serrées les unes contre les autres et séparées par une mince lame conjonctive. Le col de ces glandes, qui forme un peu moins du tiers de leur longueur, est tapissé par des cellules prismatiques entremêlées de cellules calyciformes semblables à celles de la surface libre de la muqueuse. L'épithélium glandulaire est, au contraire, constitué par de grandes cellules cuboïdes. Les cellules pepsinifères (*Belegzellen* de Heidenhain) sont nombreuses et à peu près également réparties sur toute la surface de l'estomac chez le Murin et le *Rhinolophus euryale*. Chez le *Pteropus medius*, au contraire, elles sont beaucoup moins abondantes ; très rares dans la portion cardiaque, on en trouve davantage dans la portion transversale, spécialement dans la région pylorique.

CONCLUSIONS.

1° L'œsophage pénètre constamment sur une certaine longueur dans la cavité abdominale.

2° La muqueuse est lisse ou ornée de plis longitudinaux parallèles et continue dans toute la longueur de l'œsophage.

3° Il n'existe jamais de valvule cardiaque.

4° L'estomac présente trois types différents :

a. Chez les Ptéropodides, il est divisé en deux compartiments : une portion cardiaque en continuité de direction avec l'œsophage, et une portion transversale dont la région pylorique très allongée est plus ou moins repliée sur elle-même (Cuvier).

b. Chez les *Harpyia* et les Microchiroptères ordinaires, la portion cardiaque fait entièrement défaut, l'estomac est simple et se rattache toujours à la forme de cornemuse ordinaire chez les Mammifères (Pallas, Cuvier).

c. Chez les Desmodiens ou Phyllostomides sanguivores, le cardia et le pylore coïncident et l'estomac est représenté seulement par le grand cul-de-sac qui prend la forme d'un long boyau intestiniforme (Huxley).

5° La muqueuse stomacale présente constamment des plis longitudinaux parallèles réunis par des anastomoses peu nombreuses chez les Roussettes et les Microchiroptères insectivores, nombreuses et formant un réseau aréolaire extrêmement serré chez les Desmodiens. Chez les Microchiroptères frugivores, les plis stomacaux sont peu saillants et constituent un réseau à très larges mailles.

§ 3. — Intestin.

Le diamètre du duodénum chez les Roussettes est sensiblement égal à celui de la région pylorique de l'estomac, de telle sorte qu'à l'extérieur il est souvent difficile de préciser la situation exacte du pylore. Sa direction, du reste, continue celle de l'estomac après la deuxième courbure de celui-ci, et le duodénum présente ainsi une partie transversale située immédiatement au-dessous du foie auquel elle est rattachée par le petit épiploon qui l'enserre entre ses deux feuillets avant d'atteindre l'estomac ; puis il descend verticalement le long de la paroi de l'abdomen du côté droit, passe au-dessous de la masse intestinale et remonte du côté gauche presque jusqu'à son point de départ.

Dans ce trajet, le duodénum est soutenu par un mésentère

spécial qui passe en arrière de la masse intestinale et en avant
du rectum. Cette disposition n'est pas sans rappeler celle du
côlon des Mammifères supérieurs et en ouvrant pour la première fois l'abdomen d'une Roussette on peut aisément s'y
tromper, d'autant plus facilement que dans certains cas, comme
chez le *Cynonycteris amplexicaudata*, le duodénum est de tout
l'intestin la partie dont le diamètre est le plus considérable.

Au duodénum fait suite une masse intestinale volumineuse
et irrégulièrement circonvolutionnée soutenue par un mésentère assez court dans l'épaisseur duquel est situé un volumineux pancréas d'Aselli. Le rectum se dégage de cette masse au
niveau du pancréas) passe en arrière et à gauche de la portion
ascendante du duodénum et se rend directement à l'anus.

Telle est la disposition générale de l'intestin : elle ne subit
que de légères modifications portant sur le plus ou moins grand
développement de la branche montante du duodénum. Elle est
considérablement réduite ou même absolument indistincte
chez les *Epomophorus* et *Hypsignathus* ; chez l'*Eonycteris*, au
lieu de contourner la masse intestinale, elle remonte du côté
droit et parallèlement à la portion descendante. Dans le genre
Harpyia seul, la disposition est très différente et le duodénum
se perd au milieu des circonvolutions intestinales presque
aussitôt après avoir reçu le canal cholédo-pancréatique.

Le régime insectivore des Microchiroptères entraîne un
raccourcissement de l'intestin considérable si on le compare à
celui des Roussettes. C'est même, ainsi que nous le verrons,
dans ce sous-ordre que se rencontrent les Mammifères dont le
tube intestinal est le plus court, proportionnellement à la
longueur du corps. On peut donc s'attendre à rencontrer une
très grande simplicité dans la disposition des circonvolutions
intestinales ; c'est en effet ce qui a lieu.

Partout le duodénum présente la même disposition que chez
les Roussettes, c'est-à-dire se dirige d'abord horizontalement
de gauche à droite immédiatement au-dessous du foie, descend
dans la fosse iliaque droite et souvent remonte vers son point
de départ, contournant ainsi la masse intestinale et l'envelop-

pant, comme d'un voile, du repli mésentérique qui le soutient. Le rectum se dégage de la masse intestinale à sa partie postérieure et se porte du côté droit pour gagner l'anus.

La masse intestinale elle-même, si je puis donner ce nom à quelques circonvolutions dont on embrasse souvent l'agencement au premier coup d'œil, a une disposition à peu près constante dans un même genre, mais sans relations avec les divisions naturelles d'ordre plus élevé. C'est pourquoi je ne m'arrêterai pas à la décrire dans son détail.

D'ordinaire, on peut ramener l'intestin tout entier à une anse enroulée sur elle-même et comme pelotonnée autour d'un centre commun, mais nulle part, même chez le *Vesperugo Kuhlii* qui est l'espèce la plus typique sous ce rapport, la régularité n'est parfaite. La plupart du temps, l'inégalité des deux branches de l'anse produit des replis secondaires qui masquent la disposition générale. En passant par exemple du *Vesperugo Kuhlii* au *V. serotinus* ou au *Scotophilus Temminckii*, on se rend parfaitement compte de ces variations.

Quelquefois il est impossible cependant de reconnaître dans la masse intestinale une anse repliée sur elle-même ; c'est par exemple le cas des Vespertilions, de beaucoup de Phyllostomides et en général de la plupart des espèces où le duodénum se perd dans la masse intestinale immédiatement après sa portion descendante. Alors l'intestin forme une série de replis transversaux plus ou moins parallèles entre eux.

Chez le *Desmodus* seulement, ces replis sont longitudinaux, l'intestin remontant parallèlement à la portion descendante du duodénum pour redescendre et remonter ainsi à plusieurs reprises. Les replis parallèles très réguliers ainsi constitués sont refoulés du côté droit de la cavité abdominale, les circonvolutions de l'estomac occupant la partie gauche.

Le diamètre du tube intestinal, pas plus que son agencement, ne permet de reconnaître un intestin grêle et un gros intestin. Au contraire, chez beaucoup de Roussettes, le calibre du duodénum est supérieur à celui de tout le reste de l'intestin, sauf peut-être de la partie terminale du rectum ; cette diffé-

rence est particulièrement sensible chez l'*Hypsignathus*,
l'*Epomophorus* et le *Cynonycteris*, où le diamètre du duodénum est de 7 millimètres et de 5 millimètres, tandis que celui
de l'intestin n'est que de 4 et de 3 millimètres. Je ne donne,
du reste, ces chiffres que pour montrer les rapports des dimensions et non comme représentant des mesures réelles et con-
stantes. Le diamètre de l'intestin varie en effet dans des limites
considérables avec le degré de réplétion de cet organe et chez
les animaux conservés dans l'esprit-de-vin, il est souvent modifié par un dégagement de gaz dû à un commencement de
putréfaction qui se produit avant que l'animal ne soit suffi-
samment imprégné d'alcool ; aussi je ne crois pas devoir donner le tableau des mesures prises dans les divers cas.

Chez les Microchiroptères, l'uniformité de calibre est plus
grande et le duodénum même ne diffère en rien du reste du
tube intestinal ; le rectum se renfle un peu dans sa portion
terminale, mais d'une manière peu sensible et si graduelle
qu'il est impossible de fixer le point où commence l'augmen-
tation de diamètre.

Dans un seul cas, chez le *Desmodus rufus*, la partie qui correspond au gros intestin est d'un tiers plus large que l'intestin
grêle, le passage est très rapide sans être brusque et il n'existe
du reste aucune trace d'appendice cæcal.

Mais si l'uniformité du calibre du tube intestinal et l'absence
d'un cæcum rendent d'ordinaire impossible l'établissement
d'une démarcation entre les deux parties qui composent normalement l'intestin des Mammifères, il est deux exceptions
signalées par M. R. Owen (1) dans lesquelles on trouve un
rudiment de cæcum. Ces cas sont ceux du *Megaderma spasma*
et du *Rhinopoma microphyllum* (*Rh. Hardwickii* de M. Owen).
D'un autre côté, la structure de la muqueuse est différente et,
en partant de l'étude de ces deux espèces où la délimitation est
établie d'une manière précise, il nous sera possible de reconnaître partout ce qui correspond au gros intestin.

____

(1) Owen. *Loc. cit.*

M. Dobson (1) n'a retrouvé le cæcum du *Rhinopoma* chez aucun des individus qu'il a observés, et chez le *Megaderma spasma*, il a bien rencontré, à environ 2 centimètres de l'anus, un petit appendice long de 3 millimètres, et ressemblant à un cæcum, mais sans orifice communiquant avec l'intestin.

J'ai été plus heureux et j'ai pu, dans l'un et l'autre cas, vérifier l'exactitude des observations de M. Owen ; mais je dois dire que les dimensions qu'il a trouvées au cæcum (un demi-pouce) me paraissent très exagérées, surtout dans le cas du Mégaderme. Chez le *Rhinopoma*, (fig. 14), le cæcum est un appendice en doigt de gant long d'environ 3 millimètres, aplati et accolé à l'intestin grêle, de sorte que l'un et l'autre continuent la direction du gros intestin qui semble s'être divisé en deux branches d'inégale importance. Un léger étranglement coïncide avec l'origine de cet appendice, mais de part et d'autre il n'existe aucune différence appréciable dans le diamètre de l'intestin.

La structure de la muqueuse est, au contraire, très différente en deçà et au delà du cæcum. Dans l'intestin grêle, la muqueuse est hérissée de villosités très serrées ; dans le gros intestin, elle présente des rides longitudinales saillantes, parallèles dans toute leur longueur. Quelques-unes naissent au fond du cæcum, d'autres apparaissent brusquement au pourtour de l'étranglement iléo-cæcal, toutes disparaissent un à deux millimètres avant l'anus. Il n'existe pas de trace de valvule iléo-cæcale. La cavité du cæcum est extrêmement réduite et n'a aucune importance physiologique, ce n'est qu'un de ces témoins morphologiques que le naturaliste est habitué à rencontrer chez des êtres que l'adaptation à certaines conditions d'existence éloigne du plan d'organisation primitif.

Chez le Mégaderme, le cæcum est encore plus réduit et m'aurait probablement échappé sans la description de M. Owen. Il m'a été impossible de le trouver sur un des trois individus que j'ai disséqués. Dans les deux autres cas (fig. 15), il s'est

(1) Dobson. *Loc. cit.* Introduction, p. XXIV.

présenté comme une simple bosselure latérale, saillante d'un millimètre seulement, du fond de laquelle partent une partie des rides du gros intestin. C'est dire que sa cavité communique largement avec la cavité intestinale. Non seulement il n'existe pas de valvule, mais il n'y a pas même d'étranglement nettement apparent.

Dans l'un et l'autre cas, la brièveté du gros intestin est remarquable, il est réduit au rectum. Sa longueur est seulement de 18 millimètres chez le Mégaderme et de 15 millimètres chez e *Rhinopoma*.

Dans toutes les autres espèces, la structure de la muqueuse permet de distinguer les deux parties du tube intestinal.

L'intestin grêle dans toute sa longueur est revêtu de villosités, quelquefois plus longues et plus serrées dans le duodénum (chez la plupart des Roussettes), rarement dans la partie moyenne (*Rhynchonycteris naso*). Dans certains cas, les villosités libres dans leur partie terminale sont soudées dans leur partie inférieure de façon à dessiner un réticulum, très visible dans la portion moyenne de l'intestin des *Rhinolophus*. Chez le *Noctilio*, les aréoles allongées transversalement ainsi constituées se correspondent en files longitudinales régulières, ce qui donne à la muqueuse intestinale un aspect très particulier.

Le gros intestin est caractérisé par ses rides longitudinales parallèles. Dans la majorité des cas, ces rides apparaissent brusquement et la délimitation est très nette, par exemple, chez le *Cynonycteris* parmi les Mégachiroptères, les Rhinolophes parmi les Microchiroptères ; mais souvent aussi elles s'élèvent peu à peu et comme les villosités se continuent à leur surface, bien que plus courtes et de moins en moins serrées jusqu'à ce qu'elles disparaissent, il est impossible de préciser le point où commence le gros intestin (*Noctilio*, *Molossus*, *Artibeus*). Chez quelques Mégachiroptères même (*Hypsignathus monstrosus*), il semble que les villosités se disposent peu à peu régulièrement et s'ordonnent en files longitudinales, qui sont les premiers indices des rides du gros intestin.

Celles-ci se terminent toujours un peu avant l'anus, laissan libre un espace lisse, très réduit la plupart du temps, assez important (4 à 5 millimètres) chez certains Phyllostomides, comme le *Carollia*, l'*Artibeus*, etc.

Dans les deux exemplaires de *Desmodus* que j'ai eus à ma disposition, la muqueuse intestinale n'était pas conservée ; il serait intéressant de savoir si les nombreuses modifications imprimées par le régime sanguivore au tube digestif atteignent cette muqueuse.

Chez tous les Microchiroptères, ainsi que le montre le tableau placé à la fin de ce paragraphe, le gros intestin est très court (25 millimètres au plus) et, comme dans les deux espèces pourvues d'un cæcum, réduit, ou à peu près, au rectum, c'est-à-dire à la partie qui se dégage de la masse intestinale pour se porter en ligne droite à l'anus.

Dans le sous-ordre des Mégachiroptères, il est plus allongé et circonvolutionné dans sa partie initiale. Les villosités, très réduites du reste, se continuent entre les plis longitudinaux ou à leur surface dans la partie circonvolutionnée, tandis que la muqueuse du rectum est entièrement lisse.

Tableau des dimensions relatives des différentes parties du tube digestif et de leurs rapports avec la longueur du corps de l'animal (1).

	Longueur de l'œsophage.	Longueur de l'estomac (2).	Intestin grêle.	Gros intestin.	RAPPORT de la longueur du tube digestif à celle du corps.	RAPPORT de la longueur de l'intestin à celle du corps.
	m	m	m		m	m
Pteropus rubricollis........	0,059	0,042	0,98		4,72	4,11
Cynonycteris amplexicaudata.	0,053	0,05	0,68		4,47	3,87
Hypsignathus monstrosus....	0,045	0,041	1,15		5,31	5
Epomophorus comptus.......	0,058	0,033	0,80		4,91	4,4
Eonycteris spelæa..........	0,04	0,032	0,35		3,20?	2,66
Harpyia cephalotes........	0,037	0,005	0,46 ?		3,84?	3,53?
Rhinolophus hipposideros....	0,017	0,008	0,083		2,2	1,66
Rhinolophus ferrum-equinum.	0,029	0,011	0,19		2,8	2,37
Phyllorhina diadema.......	0,034	0,017	0,24		2,36	2

(1) Mesurée de l'extrémité du museau à l'origine de la queue.

(2) Mesurée du cardia au pylore, sans tenir compte du grand cul-de-sac.

	Longueur de l'œsophage.	Longueur de l'estomac.	Intestin grêle.	Gros intestin.	RAPPORT de la longueur du tube digestif à celle du corps.	RAPPORT de la longueur de l'intestin à celle du corps.
	m	m	m		m	m
Megaderma spasma.........	0,028	0,007	0,10	0,015	1,87	1,44
Nycteris thebaïca.........	0,021	0,004	0,115		2,15	1,76
Vespertilio murinus........	0,041	0,006	0,255		3,25	2,76
Vespertilio mystacinus......	0,023	0,004	0,130		2,85	2,31
Atalapha noveboracensis.....	0,023	0,004	0,08		1,78	1,33
Vesperugo serotinus.........	0,034	0,009	0,15	0,012	2,4	2
Vesperugo Kuhlii...........	0,021	0,005	0,090		2,4	1,9
Scotophilus Temminckii.....	0,035	0,008	0,20		2,6	2,17
Synotus barbastellus........	0,028	0,004	0,125		2,68	2,23
Plecotus auritus...........	0,023	0,003	0,120		3	2,5
Miniopterus Schreibeirsii....	0,030	0,004	0,130		2,35	1,9
Emballonura nigrescens.....	0,016	0,002	0,07		1,87	1,45
Saccopterix plicata.........	0,016	0,003	0,075	0,015	1,8	1,5
Rhynchonycteris naso.......	0,018	0,003	0,105	0,015	2,9	2,29
Taphozous melanopogon.....	0,030	0,009	0,195	0,025	2,07	2,26
Noctilio leporinus..........	0,031	0,009	0,20		2,5	2,17
Rhinopoma microphyllum...	0,023	0,004	0,05	0,015	1,16	0,84
Nyctinomus plicatus........	0,035	0,004	0,185	0,035	2,73	2,31
Nyctinomus brasiliensis.....	0,023	0,004	0,120		2,28	1,85
Cheiromeles torquatus.......	0,035	0,040	0,340		2,53	2,26
Phyllostoma hastatum.......	0,052	0,007	0,420		3	2,7
Macrotus Waterhousii.......	0,034	0,005	0,145		2,5	2
Carollia brevicauda.........	0,025	0,007	0,150		2,4	2
Glossophaga soricina........	0,028	0,003	0,100		2	1,58
Desmodus rufus............	0,040	0	0,28		3,2	2,8
Artibeus perspicillatus......	0,033	0,008	0,440	0,022	4	3,77

La tunique musculaire de l'intestin est formée, comme dans l'estomac, de deux couches, l'une externe de fibres longitudinales, l'autre interne de fibres transversales. Ces deux couches, d'un développement uniforme dans presque toute la longueur du tube intestinal, augmentent notablement d'épaisseur dans le rectum. Cette particularité est surtout remarquable chez la Roussette, où les fibres longitudinales, au lieu de former une couche uniforme sur toute la périphérie du tube rectal, tendent à se réunir en colonnes musculaires très irrégulières. En même temps, une quantité notable de tissu conjonctif s'interpose entre elles et les fibres circulaires.

La couche musculaire propre de la muqueuse subit elle-même, chez la Roussette du moins, un accroissement du même genre, et épaisse seulement d'environ 12 à 15 μ dans tout l'intestin grêle, elle varie dans le rectum entre 20 et 45 μ.

La muqueuse dont nous avons décrit les divers aspects est tapissée, tant à la surface des villosités que dans les enfoncements tubulaires qui les séparent et que l'on peut considérer comme des glandes de Lieberkühn, par un épithélium prismatique, formé de cellules columnaires, longues et étroites, à gros noyau central, entremêlées de cellules calyciformes. L'abondance de ces dernières est très variable, suivant les individus et sans doute suivant les circonstances physiologiques, et il m'est arrivé, sur quelques préparations, de trouver l'épithélium entièrement constitué par des éléments de ce genre. Dans le gros intestin, les villosités font défaut, mais les glandes sont tout aussi serrées que dans l'intestin grêle. L'épithélium est analogue : chez le *Pteropus*, cependant, il est notablement moins épais (15 à 18 μ au lieu de 25 μ).

CONCLUSIONS

1° La disposition du duodénum contournant, du côté droit, la masse intestinale et l'enveloppant plus ou moins complètement de son mésentère, est générale chez les Chiroptères, le *Harpyia* fait seul exception ;

2° Le cæcum fait toujours défaut, sauf dans les genres *Rhinopoma* et *Megaderma* où il en existe un très petit (Owen) ; dans tous les cas, il n'y a jamais de valvule iléocæcale ;

3° Cependant, la structure de la muqueuse, villeuse en avant du rudiment de cæcum quand il existe, ornée de plis longitudinaux en arrière, permet toujours de distinguer morphologiquement un gros intestin et un intestin grêle plus ou moins nettement délimités ;

4° Le gros intestin est extrêmement court et représenté seulement par le rectum chez les Microchiroptères ; il est un peu plus allongé dans le sous-ordre des Mégachiroptères ;

5° L'intestin est toujours relativement très court, même chez les Chiroptères frugivores. Il subit, du reste, les variations de longueur habituelles, selon que le régime est animal ou végétal. C'est parmi les Microchiroptères que se rencontrent les Mammifères dont l'intestin est le plus court ; souvent il n'est que d'une fois et demie la longueur du corps, mesurée de l'extrémité du museau à l'origine de la queue, et, chez le *Rhinopoma microphyllum*, il n'égale pas même cette longueur.

§ 4. — Glandes salivaires.

Chez tous les Chiroptères, il existe, comme l'a vu Cuvier, outre les follicules buccaux des glandes parotides, sous-maxillaires et sublinguales plus ou moins développées. Les sublinguales sont quelquefois assez réduites, mais dans aucun des types que j'ai étudiés, elles ne font défaut, comme Meckel pensait que c'était le cas pour l'ordre tout entier. Outre ces grosses glandes, il existe souvent, dans l'épaisseur de la lèvre inférieure, une glande labiale assez importante. La glande molaire n'est représentée que par quelques follicules.

MÉGACHIROPTÈRES. — Les glandes salivaires sont en général plus développées chez les Roussettes que chez les Microchiroptères insectivores ; les sublinguales en particulier, qui, dans le dernier sous-ordre, sont souvent très réduites, atteignent ici un volume notable et peuvent former deux masses qui se rencontrent sur la ligne médiane, derrière la symphyse maxillaire constituant une sorte de fer à cheval glandulaire qui tapisse la plus grande partie du maxillaire inférieur. Les parotides et les sous-maxillaires sont aussi très volumineuses et chez tous les genres que j'ai étudiés, à l'exception du genre *Harpyia* qui, sous ce rapport comme sous tant d'autres, diffère du reste des Ptéropodides, il existe, de chaque côté, deux sous-maxillaires entièrement distinctes. Cependant, dans quelques cas, comme chez les *Pteropus*, le volume de ces deux glandes réunies est inférieur à celui de la parotide : le cas contraire se présente chez le *Cynopterus* et le *Cynonycteris*. Les glandes sont entièrement séparées et en quelque sorte étagées le long du cou chez l'*Hypsignatus monstrosus*, les deux sous-maxillaires

     H. A. ROBIN.

s'accolent chez les *Pteropus* et dans les genres où le cou est
très court, comme les *Cynopterus* et les *Cynonycteris*, la parotide et les sous-maxillaires forment une masse unique.

Chez le *Cynonycteris amplexicaudata*, cette masse s'étend
depuis la branche montante du maxillaire inférieur jusqu'à
l'épaule et rejoint sa congénère sur la ligne médiane dorsale,
formant ainsi au cou une ceinture glandulaire presque complète. Les parties constituantes en sont intimement intriquées
et une dissection minutieuse est nécessaire pour reconnaître
leur nature. La parotide forme environ le tiers de la masse
totale dont elle occupe la partie supérieure et antérieure ; elle
se divise en trois lobes principaux, disposés comme les folioles
d'une feuille de trèfle, entre lesquels naît le canal de Sténon ;
celui-ci se dirige horizontalement, contourne le masséter, suit
le bord du muscle orbiculaire des lèvres, puis, s'infléchissant
subitement à angle droit, va s'ouvrir à l'extrémité du bourrelet
labial dont nous avons parlé. Des deux glandes sous-maxillaires,
la plus importante est celle que sa situation ventrale permet de
désigner sous le nom de *sous-maxillaire inférieure*, son volume
surpasse sensiblement celui de la parotide ; deux de ses lobes
s'appuient sur l'épaule, deux ou trois autres petits lobes s'insèrent du côté ventral de son canal, le côté dorsal étant adjacent
à la glande sous-maxillaire supérieure. Celle-ci, de moitié plus
petite que la précédente, la sépare de la parotide et comprend
un lobe terminal assez volumineux, et une série de lobules
étagés le long de son canal excréteur qui s'avancent comme
une sorte de promontoire formant l'angle inféro-antérieur de
la masse glandulaire. Les deux canaux, accolés dans toute leur
longueur, passent sous le muscle digastrique, cheminent
d'abord à la face interne de la glande sublinguale, puis pénètrent dans sa masse et vont s'ouvrir à la face inférieure
d'un barbillon bifide par deux orifices distincts, mais extrêmement rapprochés, et en quelque sorte situés dans une dépression
unique. Les sublinguales constituent deux masses volumineuses accolées à la moitié antérieure de la mandibule et se
rejoignant sur la ligne médiane. Elles se divisent en une grande

quantité de très petits lobules, et s'ouvrent sur le plancher de la cavité buccale par un grand nombre de canaux ; l'un des lobes, situé à la face externe de la glande, le long du maxillaire, se laisse distinguer par son volume relativement considérable et la longueur de son canal spécial.

Dans le genre *Cynopterus*, le cou est encore couvert de chaque côté par une masse glandulaire constituée par la parotide et la sous-maxillaire, mais ces glandes sont relativement moins développées et leur intrication est beaucoup moins considérable. La masse de forme plus raccourcie chez le *C. Scherzeri*, plus allongée chez le *C. Jagorii*, s'appuie encore sur l'épaule depuis l'origine du muscle sterno-mastoïdien jusque près de la ligne médiane du dos qu'elle n'atteint cependant pas et s'avance jusqu'à un demi-centimètre en avant du méat auditif. La parotide est plus développée que les sous-maxillaires, l'origine du canal de Sténon la divise en deux lobes, l'un supérieur de forme semi-lunaire, plus allongé, l'autre inférieur, subcirculaire, correspondant à la moitié antérieure du précédent et replié sous l'angle de la mâchoire. Le canal de Sténon croise obliquement le masséter et va déboucher en face de la canine dans une papille peu saillante.

Les sous-maxillaires sont plus inégales encore que chez le *Cynonycteris*, la supérieure accolée à la partie postérieure du lobe supérieur de la parotide est très réduite et divisée en nombreux petits lobes.

Les sublinguales forment deux bandes allongées qui naissent près de l'angle de la mâchoire, sous l'insertion du muscle digastrique et vont en s'amincissant se terminer un peu en arrière de la symphyse maxillaire.

L'*Eonycteris spelæa* présente une disposition analogue, cependant les masses glandulaires tendent à se rejoindre sur la ligne médiane ventrale en passant sous les muscles sterno-hyoïdiens plutôt que sur le dos. La parotide a la même forme que chez le *Cynopterus*, mais ses lobes sont plus inégaux encore ; le supérieur très allongé s'étend de la branche montante du maxillaire inférieur à l'épaule, son bord supérieur

est tranchant et arrondi, le bord inférieur adjacent au reste
de la masse glandulaire est, au contraire, droit et épais; le
lobe inférieur est beaucoup plus petit et accolé seulement au
tiers antérieur du précédent. Le canal de Sténon contourne
le masséter et va s'ouvrir en face de la canine.

Les sous-maxillaires sont très lobulées et de volume à peu
près égal; on distingue dans chacune trois lobes principaux,
le dernier lobe de la sous-maxillaire inférieure s'enfonce sous
le muscle sterno-hyoïdien et rejoint presque son congénère.
Les deux canaux sont intimement accolés et réunis par une
gaine conjonctive très résistante.

Les sublinguales sont peu développées et se touchent
à peine sur la ligne médiane.

Le côté du cou est encore recouvert chez l'*Epomophorus
comptus* par une masse glandulaire unique, plus complexe
même que dans le cas précédent, car aux glandes salivaires
viennent s'adjoindre des glandes de l'hibernation assez volumineuses et dont le rôle est difficile à expliquer chez des
animaux qui habitent l'Afrique équatoriale. Ces glandes se
distinguent, du reste (fig. 2), des glandes salivaires par leur
blancheur et leur aspect nacré.

La parotide constitue la moitié de la masse salivaire, elle
est arrondie ou irrégulièrement quadrilatère, son angle postérieur et inférieur se continue en un prolongement volumineux
qui recouvre la partie antérieure de la sous-maxillaire inférieure et la sous-maxillaire supérieure entière. Celle-ci est, en
effet, très réduite et située dans l'espace compris entre la
parotide et le muscle digastrique en dehors, le sterno-mastoïdien et le stylo-glosse en dedans. La sous-maxillaire inférieure
quatre fois plus développée est seulement accolée à la précédente et située plus en arrière, elle est linguiforme et recouvre
tout le côté du cou jusqu'à l'épaule.

Chez le *Pteropus rubricollis* (fig. 1), le cou est plus allongé
et la parotide séparée des sous-maxillaires. Elle se présente
sous la forme d'une glande aplatie, quadrilatère ou plutôt
losangique, située derrière la branche montante du maxil-

laire, son angle postérieur se prolonge en un lobe, accolé aux canaux des sous-maxillaires, qui arrive en contact avec ces glandes, mais les touche à peine de son extrémité. Le canal de Sténon apparaît à l'angle antérieur et à la face externe de la glande, contourne le masséter en suivant à peu près son insertion mandibulaire, puis se dirige horizontalement le long de l'orbiculaire des lèvres qu'il traverse pour aller s'ouvrir en face de la canine, au sommet d'une papille très saillante et continuée postérieurement en un bourrelet atténué. Chez le *Pt. medius*, le canal croise le masséter et débouche entre la canine et la première molaire sur une papille conique isolée.

Les sous-maxillaires, de volume à peu près égal à celui de la parotide, constituent une masse en forme de cône aplati dont la base est appuyée sur l'épaule et dont le sommet atteint à peine le milieu du cou. La sous-maxillaire inférieure comprend un lobe principal, étendu transversalement sur l'épaule, qui forme la base du cône glanduleux, et un lobe antérieur, accolé au bord inférieur de son canal ; la sous-maxillaire supérieure, qui constitue la partie antéro-supérieure de la masse, se subdivise en quatre lobes, dont trois superficiels et un profond. Les canaux de calibre peu différent passent sous la parotide et le muscle digastrique pour aller s'ouvrir à la face inférieure du barbillon par deux pores très distincts (fig. 3).

Les sublinguales accolées à la moitié antérieure de la face interne du maxillaire sont très étroites en arrière, renflées, au contraire, en avant du frein de la langue, et viennent s'accoler en ce point.

L'*Hypsignathus monstrosus*, bien que rappelant l'*Epomophorus* par l'existence des glandes de l'hibernation, se distingue de toutes les espèces précédentes en ce que les glandes sont entièrement séparées les unes des autres et étagées le long du cou.

La parotide est plus volumineuse que nulle part ailleurs, non pas qu'elle soit plus étendue, mais parce que son épaisseur est considérable et qu'elle présente un aspect gibbeux et compact qui contraste avec l'apparence foliacée de la même glande chez les autres Roussettes. Elle se divise en un lobe postérieur transversal et deux lobes antérieurs, entre lesquels naît le canal de Sténon. Ce canal énorme, d'un diamètre de plus d'un millimètre, suit le bord antérieur du masséter, pénètre dans la lèvre et va s'ouvrir au sommet d'une énorme papille triangulaire, beaucoup plus saillante que chez l'*Epomophorus* et située un peu plus en arrière.

La sous-maxillaire inférieure, pyriforme et trois fois plus petite que la précédente, s'appuie sur l'épaule en dehors des glandes de l'hibernation ; un gros ganglion lymphatique est accolé à son sommet. La sous-maxillaire supérieure située plus en avant est d'un volume un peu moindre, mais surtout d'une texture moins compacte, moins consistante et de couleur moins blanchâtre ; elle est placée sous l'extrémité du muscle digastrique qui la divise en deux lobes principaux et touche l'angle de la mâchoire. Les canaux des deux glandes sont accolés depuis l'origine du dernier jusqu'au barbillon.

Les sublinguales sont très développées, mais rejetées en avant. Elles ne commencent guère que vers le milieu de la longueur de la mandibule, mais elles occupent toute la partie du plancher buccal située en avant du frein de la langue et sont là accolées sur une longueur de près de 1 centimètre.

Le *Harpyia cephalotes*, si différent des autres Roussettes par la plupart de ses caractères anatomiques, paraît ne présenter qu'une seule glande sous-maxillaire. Au moins m'a-t-il été impossible d'en reconnaître deux sur l'exemplaire unique dont j'ai pu disposer. La sous-maxillaire est accolée à la parotide, dont elle semble à première vue être le lobe postérieur : c'est une glande globuleuse, allongée transversalement ; appuyée sur l'épaule dont le canal contourne la parotide, elle va passer sous le digastrique et s'ouvre comme d'habitude à la face inférieure d'un barbillon.

La parotide, deux fois plus volumineuse que la sous-maxillaire, de forme arrondie un peu atténuée en arrière, donne naissance à sa face interne à un canal qui va s'ouvrir près du bord de la lèvre supérieure tout en avant de la bouche, entre la canine et l'incisive unique, sur une papille qui se distingue à peine des nombreux odontoïdes dont est hérissée la muqueuse labiale.

Les glandes sublinguales forment, tout le long du maxillaire, une bande très mince en arrière, plus renflée en avant, où elle vient se terminer en genou en s'adossant à sa congénère.

MICROCHIROPTÈRES. — Chez tous les Microchiroptères, les glandes salivaires sont d'ordinaire beaucoup plus réduites que chez les Ptéropodides, et nulle part on ne rencontre une masse glandulaire unique entourant presque le cou tout entier, comme nous l'avons souvent observé dans le sous-ordre précédent. Les glandes sublinguales sont très variables en volume dans des genres voisins. Les sous-maxillaires, généralement doubles, sont quelquefois simples, ou du moins je n'ai pu reconnaître deux de ces organes chez certaines espèces.

Les glandes de l'hibernation sont au contraire bien développées, occupent toute la partie inférieure du cou et recouvrent même en partie les glandes salivaires, dont elles se distinguent du reste nettement par leur couleur rouge vineux et leur peu de compacité.

Rhinolophides. — Dans le genre *Rhinolophus*, la parotide et les sous-maxillaires accolées par un point forment, au-dessus du méat auditif et en arrière de la branche montante du maxillaire inférieur, une masse glandulaire, allongée verticalement, échancrée en avant vers son milieu par une apophyse mastoïde très saillante ; cette échancrure indique la limite entre la parotide et les sous-maxillaires.

Chez le *Rh. hipposideros* et le *Rh. euryale*, la parotide est un peu moins volumineuse que les sous-maxillaires, elle présente la forme d'un rectangle allongé, dans le sens antéropostérieur et contournant le bord inférieur du conduit auditif ; son angle antéro-supérieur forme un processus linguiforme d'où se dégage le canal de Sténon. La masse de la glande est divisée en lobules très petits, qui la distinguent de la sousmaxillaire dont les lobes sont plus gros et l'aspect plus compact. Le canal de Sténon croise le masséter et va déboucher près du bord de la lèvre supérieure sur une papille assez saillante en face de la première molaire.

Les sous-maxillaires, plus compacts que la parotide, constituent une masse triangulaire située entre le larynx, le muscle sterno-mastoïdien et le muscle mylo-hyoïdien ; l'une, la sous-maxillaire inférieure, de beaucoup la plus volumineuse, est superficielle, l'autre située plus profondément, est réduite à quelques lobules ; les deux canaux accolés passent sous les muscles digastrique et mylo-hyoïdien, et suivent le génio-hyoïdien pour se terminer de chaque côté dans un barbillon spécial bifurqué.

Les glandes sublinguales très réduites forment deux petites masses accolées, situées sous le plancher buccal en avant du frein de la langue.

Chez le *Rh. ferrum-equinum*, la glande parotide est plus développée proportionnellement à la sous-maxillaire et de forme plus raccourcie ; la disposition générale de la glande et de son canal est du reste la même.

La sous-maxillaire est unique ; il m'a du moins été impossible, après des dissections répétées, de trouver deux canaux de Wharton. Deux ou trois petits lobules isolés, insérés sur le bord supérieur du canal unique après qu'il s'est dégagé de la masse de la glande, représentent peut-être la sous-maxillaire supérieure absente comme organe distinct. Le calibre du canal qui suit sa direction ordinaire est d'ailleurs considérable. Les sublinguales, réduites comme dans les autres espèces du même genre, sont accolées derrière la symphyse maxillaire.

Chez les *Phyllorhina*, la disposition générale des masses glandulaires est sensiblement la même ; la parotide est cependant beaucoup plus développée et surtout plus étalée proportionnellement à la sous-maxillaire. Elle forme une plaque quadrilatère assez peu épaisse au-dessous du méat auditif et son canal va déboucher au sommet d'une papille saillante et comprimée près du bord de la lèvre en face de la canine chez le *Ph. armigera*, de la première molaire chez le *Ph. diadema*, de la troisième molaire chez le *Ph. Commersonii*.

Mais le fait le plus intéressant présenté par ce genre est la réunion des deux canaux de Wharton en un seul un peu avant leur terminaison, fait qui montre que la sous-maxillaire accessoire est bien une sous-maxillaire et répond au lobe qui chez beaucoup d'autres Mammifères est isolé près de la terminaison du canal de Wharton. En effet, lorsque l'on découvre les glandes salivaires du *Ph. Commersonii*, on aperçoit une glande sous-maxillaire unique, compacte, formée de deux lobes massifs et adhérents à la parotide dont l'angle antéro-inférieur recouvre sa partie antérieure et l'origine de son canal. En avant, le long des deux tiers inférieurs de la mandibule s'étend une bande glandulaire (fig. 4) dont l'aspect rappelle entièrement les sublinguales d'une Roussette. Mais une dissection plus attentive montre bientôt que la moitié postérieure de cette bande d'apparence sublinguale émet un canal qui s'accole au bord supérieur du canal de Wharton et le suit pour s'y réunir un millimètre environ avant le point où il pénètre dans le barbillon à la face inférieure duquel il va déboucher. Nous avons donc ici affaire à un lobe de la sous-maxillaire unique qui représente la sous-maxillaire supérieure des espèces où la glande est double. Chez le *Ph. armigera*, le lobe accessoire, beaucoup plus réduit, n'est plus situé en arrière de la sublinguale, mais à sa face interne. Il en est de même chez le *Ph. diadema*, où l'intrication entre les deux glandes est plus grande encore. Dans ces deux espèces quelques très petits lobules s'accolent au bord supérieur du canal de Wharton dans son tiers postérieur immédiatement après sa sortie de la glande principale.

Les sublinguales vraies sont toujours beaucoup plus développées que dans le genre *Rhinolophus*.

Nyctérides. — Le genre *Megaderma* qui appartient à la famille des Nyctérides se rapproche beaucoup des *Phyllorhina* par la constitution de son appareil salivaire. On peut dire qu'un Mégaderme est un *Phyllorhina* sans le lobe accessoire de la sous-maxillaire.

Chez le *Megaderma spasma*, en effet, la parotide forme une plaque très aplatie, de forme irrégulière, divisée en lobules extrêmement fins qui entoure la partie inférieure du conduit auditif et s'étend depuis le milieu de l'arcade zygomatique jusqu'à la nuque ; son canal suit l'insertion du masséter et va s'ouvrir près du bord de la lèvre supérieure par un pore très étroit dont la situation n'est marquée à l'extérieur par aucune papille.

La sous-maxillaire unique recouvrant le muscle digastrique et en partie l'extrémité du sterno-mastoïdien est gibbeuse et présente de gros lobes arrondis et nettement distincts contrastant avec l'aspect grenu de la parotide à laquelle elle est contiguë. Elle possède un gros lobe terminal volumineux et deux autres un peu plus petits. Son canal se dirige d'abord en arrière pour passer sous le digastrique, puis suit le trajet ordinaire et va déboucher à la face inférieure d'un barbillon pair et terminé en pointe.

La sublinguale est très développée et forme une bande étroite le long de la moitié antérieure de la mandibule.

Des glandes labiales très développées déversent leurs produits entre la lèvre inférieure et la gencive, au fond du sillon labial.

Le genre *Nycteris* (*N. thebaïca*, *N. Revoilii*) se rapproche davantage des Rhinolophes ; le développement plus considérable des sublinguales le rattache cependant aux Mégadermes. La parotide, beaucoup plus épaisse que dans les genres précédents, forme au-dessous du méat auditif et en arrière du masséter une masse régulièrement rectangulaire, plus étroite chez le *N. Revoilii* que chez le *N. thebaïca*; son canal vient déboucher en face de la canine de même que chez les Mégadermes.

Il existe deux sous-maxillaires : l'une, plus volumineuse, déprimée, triangulaire, et divisée en un grand nombre de lobules, accolée à l'angle de la mâchoire ; l'autre, plus petite et également très lobée, située sous l'hyoïde en avant des ampoules cartilagineuses du larynx. Les deux canaux sont accolés et distincts dans toute leur longueur.

Les sublinguales sont séparées en avant par ces canaux et quelques fibres musculaires ; elles s'étendent le long du tiers antérieur de la mandibule et ont à peu près un volume double de celui qu'elles présentent chez les Rhinolophes.

Vespertilionides. — Dans la famille des Vespertilionides, la disposition des glandes salivaires est remarquablement constante ; dans toutes les espèces que j'ai étudiées, j'ai trouvé les sous-maxillaires doubles, les canaux étant distincts dans toute leur longueur et se réunissant seulement au point même où ils s'ouvrent dans la bouche par deux pores très rapprochés, au point de sembler souvent former un pore unique situé à la base du barbillon.

Je décrirai d'abord et comme type la Sérotine (*Vesperugo serotinus*), chez laquelle les glandes qui nous occupent sont particulièrement compactes et bien développées.

Dans cette espèce, les sous-maxillaires et les parotides se touchent à peine ; elles sont séparées par les glandes de l'hibernation qui, plus compactes que d'ordinaire, peuvent dans quelques cas, sur des animaux conservés, être confondues avec les glandes salivaires et donner l'idée d'une masse glandulaire, couvrant les côtés du cou, comme cela existe chez les Roussettes ; la dissection fait vite justice de cette apparence.

La parotide forme au-dessous du conduit auditif une masse rectangulaire assez épaisse et divisée en une multitude de lobules, qui recouvre l'insertion supérieure du muscle sterno-mastoïdien sur lequel se moule sa face interne. Le canal de Sténon naît à l'angle antéro-inférieur, croise le masséter près de son insertion mandibulaire et va déboucher sur une papille très saillante, près du bord de la lèvre supérieure, en face de l'espace qui sépare la canine de la première molaire.

Les deux sous-maxillaires, intimement accolées, forment une masse triangulaire ou plutôt semi-circulaire, dont le diamètre est représenté par le muscle sterno-mastoïdien et la circonférence par le muscle sterno-hyoïdien et la saillie du larynx. Les lobes en sont volumineux et plus compacts que ceux de la parotide. Les deux glandes sont inégalement développées, l'inférieure étant de beaucoup plus volumineuse que la supérieure qu'elle cache entièrement ; leurs proportions sont celles de 1 à 4. Les canaux accolés suivent la direction ordinaire et vont déboucher dans un pore unique situé à la face inférieure et à la base d'un barbillon unique et barbelé.

Les sublinguales des deux côtés ne sont plus distinctes comme chez les Rhinolophides, mais elles forment une masse impaire et irrégulière, peu développée du reste, qui enveloppe l'extrémité des canaux de Wharton.

Chez le *Vesperugo Kuhlii*, la parotide est plus compacte et arrondie à son extrémité postérieure, linguiforme au lieu d'être rectangulaire.

Chez le *Vespertilio murinus*, la parotide est relativement plus développée et présente une forme différente : étroite en avant, elle s'élargit en arrière et s'étale derrière le conduit auditif, acquérant ainsi la forme d'un triangle à bord supérieur concave. Le canal de Sténon débouche vis-à-vis de la seconde prémolaire. Les sous-maxillaires ont la même disposition que chez la Sérotine, les canaux s'ouvrent par deux pores distincts, mais très rapprochés. Les sublinguales, un peu plus développées, forment deux masses triangulaires, accolées seulement à leur partie antérieure.

La parotide du *V. mystacinus* ressemble davantage à celle de la Sérotine, la sous-maxillaire supérieure déborde un peu en avant et au-dessus de la sous-maxillaire principale.

Dans l'une et l'autre espèce la lèvre inférieure renferme dans son épaisseur des glandes labiales très développées.

Le *Kerivoula Hardwickii* a les glandes salivaires relativement peu développées ; la parotide, quoique très étendue, est peu importante, car elle est plus lobulée encore que partout ailleurs et presque diffuse.

Chez le *Scotophilus Temminckii*, au contraire, cette glande est très développée et son angle postéro-supérieur remonte assez haut sur la nuque en contournant le conduit auditif. Les sous-maxillaires, intimement accolées et même intriquées, orment une masse très compacte ; les canaux de Wharton passent en dehors de deux sublinguales accolées en une seule masse compacte comme chez les *Vesperugo*, mais moins réduite que dans ce genre.

Dans le genre *Plecotus* (*P. auritus*), la parotide forme une bande étroite et assez allongée, étendue jusque sur la nuque. Les sous-maxillaires sont divisées en un plus grand nombre de lobules que d'ordinaire, mais présentent, du reste, les mêmes rapports; les deux orifices des canaux sont très distincts à la surface inférieure d'un barbillon pair et à peine dentelé; les sublinguales, situées en dedans des canaux de Wharton, sont paires et très petites.

La Barbastelle est très voisine de l'Oreillard sous le rapport de la disposition des glandes salivaires; les seules différences dignes d'être notées sont un développement relatif plus grand de la sous-maxillaire supérieure, et un plus grand écartement des pores des canaux de Wharton sous un barbillon unique, seulement échancré sur la ligne médiane et à bord finement dentelé.

Chez le *Miniopterus Schreibersii*, la glande parotide est encore très allongée et se recourbe sur la nuque. La sous-maxillaire supérieure est arrondie, visible à l'extérieur et située en avant de la sous-maxillaire principale; les deux canaux débouchent par deux pores très rapprochés sous un barbillon impair et terminé par quatre dents saillantes. Les sublinguales sont distinctes, mais très réduites.

Emballonurides. — Les glandes salivaires des Emballonurides sont toujours constituées sur le même type et ne présentent que des variations de peu d'importance. Partout il existe deux sous-maxillaires entièrement distinctes et étagées; partout aussi les sublinguales sont plus développées que dans aucun autre type de Microchiroptère, et rappellent ce qui s'observe chez les Roussettes.

Chez le *Taphozous melanopogon*, la parotide d'un volume égal à environ la moitié de la sous-maxillaire principale est accolée à cette glande par presque toute l'étendue de son bord inférieur. Comme cette dernière recouvre elle-même par son bord antérieur la sous-maxillaire accessoire, l'ensemble des sous-maxillaires et de la parotide forme de chaque côté une masse glandulaire aplatie qui recouvre la région de l'angle du maxillaire inférieur et le quart supérieur du muscle sterno-mastoïdien.

La parotide est relativement peu importante, elle ne dépasse pas en volume le tiers de la masse totale. Sa forme est celle d'une bande étroite en avant, un peu plus élargie à sa partie postérieure, divisée en un grand nombre de petits lobules. Elle commence près du bord postérieur du masséter, et, passant au-dessous du conduit auditif, contourne la nuque jusque près du muscle occipito-pollicien où elle se termine brusquement. Le canal de Sténon débouche au sommet d'une énorme papille qui occupe toute la face interne de la lèvre supérieure et s'enfonce entre les dents dans la sorte de barre qui sépare la canine de la deuxième prémolaire.

Les deux sous-maxillaires sont très inégalement développées, l'une formant à elle seule la moitié de la masse glandulaire, l'autre étant, au contraire, très réduite et presque entièrement cachée sous le muscle digastrique. La sous-maxillaire inférieure est assez épaisse et de forme triangulaire ; elle est divisée en un assez grand nombre de gros lobes. Son canal se dégage de sa face inférieure, s'accole presque immédiatement au canal de la sous-maxillaire supérieure qui, comme je l'ai dit, est recouverte en partie par l'angle antérieur de la sous-maxillaire principale, en partie par le muscle digastrique. Les deux canaux passent en dedans des sublinguales, vont déboucher par deux pores très rapprochés dans le bord interne d'un barbillon spécial pour chaque côté.

Les sublinguales sont très développées, elles tapissent les trois cinquièmes de la mandibule depuis la symphyse jusqu'à la partie antérieure de l'insertion du digastrique. Elles sont assez renflées en avant et accolées l'une à l'autre, et s'amincissent progressivement jusqu'à leur extrémité postérieure.

Les glandes labiales sont aussi très importantes et forment dans l'épaisseur de la lèvre inférieure une masse qui ne le cède pas en volume aux sublinguales.

ARTICLE N° 1.

Chez le *Saccopterix plicata*, la parotide, plus raccourcie, a une importance relative plus considérable. Les glandes labiales sont, au contraire, proportionnellement beaucoup plus réduites. La papille du canal de Sténon est notablement moins volumineuse; on pouvait le prévoir, la seconde prémolaire étant beaucoup plus rapprochée de la canine que chez le *Taphozous* et la première prémolaire elle-même moins réduite.

Le volume de la parotide est par contre beaucoup plus considérable chez le *Rhynchonycteris naso*, où, tout en s'étendant sur la nuque aussi loin que chez le *Taphozous*, elle est plus large que chez le *Saccopterix;* son volume ne le cède pas à celui des sous-maxillaires réunies. Le canal de Sténon débouche en face de la canine, à l'extrémité d'une papille allongée en bourrelet. Les glandes labiales sont comme chez le *Taphozous*, les sublinguales, quoique très développées, ne s'accolent pas derrière la symphyse mandibulaire.

Elles entrent au contraire en contact chez l'*Emballonura nigrescens;* mais ce genre est surtout remarquable par le développement et la forme spéciale de la parotide. Cette glande, en effet, outre une bande assez large qui s'étend très loin sur la nuque comme dans l'espèce précédente, présente une bande verticale, qui descend derrière l'angle de la mâchoire et s'insinue entre les deux sous-maxillaires. Celles-ci, ou du moins la sous-maxillaire inférieure, perdent de leur importance relative et atteignent à peine les deux tiers du volume de la parotide; leurs rapports sont du reste les mêmes que dans les autres espèces du groupe.

Le *Noctilio leporinus* diffère notablement des types que nous venons de passer en revue. La parotide est énorme et constitue non plus une bande, mais une large masse lobulée de forme trapézoïde, à peine plus longue que large, qui s'ouvre au bord postérieur du masséter et recouvre toute la partie latérale de la nuque. Le canal de Sténon débouche sur une papille très peu saillante en avant de la canine.

La sous-maxillaire inférieure, au contraire, si développée d'ordinaire, est une petite glande compacte, elliptique, accolée à la parotide dont elle n'égale pas le quart. La sous-maxillaire antérieure est formée de deux petits lobes entièrement séparés, étagés le long du conduit qui s'accole à celui de la sous-maxillaire principale.

Les glandes sublinguales sont très développées, sans s'étendre aussi loin en arrière que chez le *Taphozous;* elles s'accolent derrière la symphyse maxillaire.

Les glandes labiales ne sont pas distinctes.

Le genre *Rhinopoma*, que l'on rattache tantôt aux Emballonurides, tantôt aux Rhinolophides, diffère des uns et des autres par ses glandes salivaires.

La parotide, en forme de bande très étroite au-dessous de la base du conduit auditif externe, assez élargie, au contraire, en arrière, rappelle un peu la forme qui s'observe chez le *Taphozous*. Les sublinguales forment également une bande le long de la mandibule comme chez ces animaux.

Mais la sous-maxillaire est unique, de même que chez certains Rhinolophides, et, comme chez ces animaux, elle forme une petite masse arrondie et située entre l'extrémité supérieure du muscle sterno-mastoïdien et le larynx.

L'appareil salivaire est, dans son ensemble, relativement peu développé.

Les Molossiens proprement dits, Molosses et Nyctinomes, se différencient des Emballonuriens surtout par le peu de développement des sublinguales et l'intrication des sous-maxillaires; le genre *Cheiromeles* forme un intermédiaire.

La disposition est du reste fort peu variable dans les deux premiers genres qui devraient n'en faire qu'un. Chez le *Nyctinomus plicatus*, par exemple, la parotide, au lieu de s'étaler en lame ou en bande, constitue une petite masse assez compacte, resserrée derrière l'angle de la mâchoire inférieure et au-dessous du méat auditif. Son volume est de moitié moindre que celui des sous-maxillaires réunies. Le canal de Sténon débouche sur une papille très peu saillante en face de la première prémolaire.

Les deux sous-maxillaires soudées forment une masse trian-

gulaire assez volumineuse, qui s'étend depuis le muscle mylo-
hyoïdien presque jusqu'à l'épaule, le cou étant très court. Les
deux glandes sont intimement accolées et un peu intriquées.
Cependant on les sépare aisément et on reconnaît alors que la
plus grande partie de la masse est formée par la sous-maxillaire inférieure ; la sous-maxillaire supérieure constituant seulement quatre petits lobes étagés et entièrement cachés par la
partie antérieure de la précédente. Les canaux accolés vont
déboucher par deux pores distincts et situés l'un derrière
l'autre à la face inférieure d'un barbillon unique, bifurqué en
passant entre deux petites masses sublinguales très réduites et
accolées derrière la symphyse, qui ressemblent à ce qu'elles
sont chez les Vespertilionides.

La parotide est encore très compacte chez le *N. brasiliensis*,
mais s'étend cependant un peu plus en arrière. Elle est aplatie en lame arrondie, tout en restant limitée à la région qui est
située au-dessous du méat auditif chez le *Molossus obscurus*.
Chez le *Nyctinomus acetabulosus*, elle constitue au contraire
une bande s'étendant jusque sur la nuque comme chez les
Emballonuriens.

La masse des sous-maxillaires est plus allongée chez le *Molossus obscurus*, et les premiers lobes de la sous-maxillaire
supérieure sont visibles en avant de la sous-maxillaire principale.

Le *Cheiromeles torquatus* se rapproche davantage des Emballonuriens, et en particulier du Noctilion, par la constitution de son appareil salivaire. Comme dans cette espèce, la
parotide, étroite en avant au-dessous du méat auditif, s'étale
en une large plaque sur le côté de la nuque. Son canal contourne le masséter et paraît déboucher en face de la canine.

Les sous-maxillaires, dont le volume est à peu près égal,
sont intriquées en une masse compacte, ovoïde, inférieure en
volume à la parotide, logée entre le larynx, l'angle de la mâchoire et l'insertion supérieure du muscle sterno-mastoïdien.
Les sublinguales, développées comme chez les Emballonuriens,
tapissent la moitié antérieure de la mâchoire.

Phyllostomides. — L'appareil salivaire des Phyllostomides présente dans ses caractères une constance bien faite pour surprendre dans un groupe dont les représentants ont un régime aussi différent. Chez les Vampyriens insectivores, les Sténodermes frugivores ou les Desmodiens qui se nourrissent exclusivement du sang des Vertébrés supérieurs, les glandes salivaires occupent exactement la même situation et présentent les mêmes rapports. Leur développement relatif diffère seul dans des proportions notables.

Le caractère essentiellement propre à ce type consiste dans le développement considérable de la sous-maxillaire supérieure, qui forme constamment une bande glanduleuse assez allongée, courant le long de la trachée en arrière du larynx et recouverte en partie par le muscle sterno-hyoïdien.

Le *Phyllostoma hastatum*, la plus grande espèce du groupe et l'une des plus communes, me servira de type. Les diverses glandes sont juxtaposées, mais non intriquées, et leur disposition relative se reconnaît dès que l'on a écarté la peau et les muscles peaussiers. La parotide est accolée, par son bord inférieur, à la sous-maxillaire principale ; celle-ci recouvre les deux tiers postérieurs de la sous-maxillaire supérieure, située, comme je l'ai dit, entre la trachée-artère et le muscle digastrique.

Considérée séparément, la parotide a la forme d'une plaque rectangulaire, dont le bord supérieur est échancré pour loger le méat auditif. Son volume total est un peu inférieur à celui de la sous-maxillaire principale. Le canal de Sténon naît à sa face inférieure et près de son angle interne, et, contournant le masséter, va s'ouvrir vis-à-vis de la canine par un pore peu distinct et non porté par une papille.

La sous-maxillaire principale ou inférieure est formée par une série de lobes arrondis étagés le long du canal émis par le dernier d'entre eux, qui s'étendent depuis l'angle de la mâchoire jusqu'à l'épaule. Ces lobes sont au nombre de quatre, subdivisés chacun en une série de lobules. La sous-maxillaire supérieure ou antérieure est une bande compacte, très épaisse, dont le volume égale presque la moitié de celui de la sous-maxillaire principale. Son canal naît sur le côté externe et vers le milieu de sa longueur; il s'accole à celui de la glande précédente au point où, après avoir franchi le digastrique, il s'introduit sous le muscle mylo-hyoïdien. Les deux canaux débouchent près du bord interne d'un barbillon pair et arrondi.

Les sublinguales, moins développées que chez les Emballonurides en général, le sont cependant plus que dans les autres familles du sous-ordre; elles forment deux petites masses épaisses en avant, atténuées en arrière des deux côtés du frein de la langue.

Les glandes labiales sont assez réduites et forment de petits follicules isolés.

La disposition est la même chez le *Macrotus Waterhousii*; les lobes de la sous-maxillaire sont cependant un peu moins distincts.

Chez le *Carollia brevicauda*, la parotide est relativement plus petite et plus étalée en avant. La sous-maxillaire principale est beaucoup plus compacte et forme une grosse masse triangulaire, épaisse, séparée de l'épaule par les glandes de l'hibernation; la sous-maxillaire accessoire elle-même s'étend presque jusqu'à l'épaule en pénétrant sous le muscle sterno-hyoïdien. La sublinguale est un peu plus allongée que dans le *Phyllostoma* et tapisse un tiers de la mandibule.

L'*Artibeus perspicillatus*, qui se nourrit de fruits, présente la même disposition; le développement extrême de la parotide et des sublinguales le différencie seul du *Phyllostoma*. Les sous-maxillaires sont constituées comme dans l'espèce que nous avons prise pour type, et il n'est pas jusqu'à la division de la sous-maxillaire principale en gros lobes étagés qui ne se retrouve. La sous-maxillaire antérieure est un peu plus petite et moins compacte.

Mais les parotides sont énormes et forment de larges lames qui recouvrent les côtés de la tête et du cou et vont presque se rencontrer sur la ligne médiane dorsale comme cela s'observe chez quelques Roussettes.

Les sublinguales sont également très développées ; elles ne sont pas plus allongées que dans les autres espèces et tapissent seulement le tiers antérieur de la mandibule, mais elles forment deux énormes bourrelets accolés sur la ligne médiane où ils ne sont séparés que par les conduits des sous-maxillaires.

Le régime des Glossophagiens n'est pas parfaitement connu ; M. Dobson (1), se fondant sur des observations contradictoires de M. Osburn, qui les croit fugivores, et du prince de Wied, qui a trouvé dans leur estomac des débris d'Insectes, pense que leur régime est mixte. Quoi qu'il en soit, le *Glossophaga soricina*, la seule espèce que j'aie observée, a les glandes salivaires d'une espèce insectivore et ne présente aucun des caractères propres à l'*Artibeus*.

Au contraire, la parotide constitue sous le méat auditif et sur le côté de la nuque une bande semblable à celle du *Macrotus*. Les glandes sublinguales mêmes sont beaucoup plus petites que dans toutes les autres espèces que j'ai observées : ce sont deux petites masses séparées par les canaux de Wharton, aussi peu développées que chez les Rhinolophes.

Les sous-maxillaires sont, au contraire, relativement très volumineuses ; la sous-maxillaire principale est formée de deux lobes principaux comme chez l'*Artibeus*, la sous-maxillaire accessoire comprend, outre sa bande longitudinale habituelle, un lobe externe aplati, situé sous le muscle sterno-mastoïdien.

La salive est par conséquent fournie pour la plus grande partie par les glandes sous-maxillaires ; ce fait, joint à la protractilité de la langue, permet de supposer que l'animal s'en sert pour engluer les insectes dont il fait sa nourriture à la façon des Fourmiliers ou des Échidnés ; cependant il est à remarquer que la prédominance des sous-maxillaires tient non à un développement plus grand que chez les types voisins, mais à la réduction des autres glandes.

Chez le *Desmodus rufus* enfin, qui se nourrit exclusivement

____

(1) Dobson. *Loc. cit.*, p. 487.

de sang, la parotide seule est remarquable par son faible développement qu'explique le peu de nécessité de la salive aqueuse pour ces animaux. Elle forme, sous le méat, une bande compacte, triangulaire longue d'environ un demi-centimètre, large de 3 millimètres à son extrémité antérieure, effilée en arrière.

Quant aux sous-maxillaires, elles sont bien développées, sans cependant atteindre, relativement à la taille de l'animal, les mêmes proportions que dans les espèces insectivores. Les deux lobes de la sous-maxillaire principale sont extrêmement compacts et entièrement séparés ; le plus antérieur est absolument sessile par rapport au canal. La sous-maxillaire accessoire est étalée et occupe tout l'espace compris entre la trachée, le bord postérieur du maxillaire inférieur et le muscle sterno-mastoïdien ; elle se divise en un grand nombre de petits lobules. Son volume est sensiblement égal à la moitié de celui de la sous-maxillaire principale. Les sublinguales sont peu développées sans être aussi réduites que chez le Glossophage.

CONCLUSIONS

1° Partout on distingue des parotides, des sous-maxillaires, des sublinguales (Cuvier), et souvent des glandes labiales assez développées.

2° Les parotides bien développées chez les espèces insectivores, le sont davantage chez les frugivores (Roussettes, Sténodermes) ; elles sont au contraire très réduites dans les types qui se nourrissent de sang (Desmodiens).

3° Les sublinguales, assez variables en volume, acquièrent leur maximum de développement chez les espèces frugivores.

4° Le développement des sous-maxillaires ne présente pas de rapports bien nets avec le régime.

5° Il existe d'ordinaire deux paires de sous-maxillaires entièrement distinctes et s'ouvrant séparément dans la bouche. La plus développée est d'une manière constante la sous-maxillaire inférieure. L'observation des *Phyllorhina* montre que la sous-maxillaire accessoire représente le lobe antéro-supérieur d'une sous-maxillaire unique, typiquemnt simple. La sous-maxillaire est simple dans le genre *Harpyia*, parmi les Mégachiroptères, chez les Mégadermes, certains *Rhinolophus*, et dans le genre *Rhinopoma*, parmi les Microchiroptères.

§ 5. — Foie.

Le foie est suspendu au diaphgrame par un ligament coronaire, qui existe souvent seul chez les Microchiroptères et chez l'*Eonycteris spelœa*, par exemple, et quelquefois par un ligament falciforme assez développé chez l'*Epomophorus comptus* et quelques Vespestilionides, indiqué dans quelques autres cas par une simple amorce. La plupart des Roussettes présentent en outre deux ligaments latéraux inégalement développés. M. Dobson (1), qui a décrit avec soin les principales formes du foie dans l'ordre qui nous occupe, fait remarquer que chez les Mégachiroptères cet organe diffère de ce qu'il est chez les Microchiroptères, par le peu de développement ou l'absence du lobe de Spigel et, dans quelques genres, par le volume considérable du lobe caudé ; chez les Microchiroptères, au contraire, le lobe de Spigel est très grand et le lobe caudé très réduit ou nul.

Cette différence s'explique facilement si l'on réfléchit à la situation occupée par le lobe de Spigel, quand il existe par rapport à l'estomac. Ce lobe, en effet, situé au-dessous de la masse du foie, en arrière et un peu à gauche, s'insinue dans la concavité de la petite courbure de l'estomac et occupe ainsi l'espace compris entre le pylore et le cardia. Il pourra donc exister normalement développé, lorsque cette petite courbure se présente bien accusée et assez concave, comme chez la plupart des Chauves-Souris insectivores ; mais chez les Roussettes, où la réflexion de la portion pylorique de l'estomac ne laisse libre aucune partie de la petite courbure, il n'a plus où se loger. On peut prévoir de même qu'il fera défaut chez le *Desmodus*,

(1) Dobson. *Loc. cit.* Introduction, p. XXIV

où le cardia et le pylore coïncident et où la petite courbure n'existe par conséquent pas.

Pour la description des formes du foie dans les espèces que j'ai observées, je n'ai que peu de chose à ajouter à ce qu'a dit M. Dobson sur les Mégachiroptères. Ses descriptions sont au contraire très incomplètes pour ce qui a trait aux Microchiroptères.

Comme cet auteur, je suivrai la nomenclature proposée par M. Flower (1).

MÉGACHIROPTÈRES. — Aussi bien le foie du *Pteropus* (fig. 16) peut-il être considéré comme réalisant le type du foie des Mammifères sur lequel M. Flower a basé cette nomenclature. Les scissures ombilicale et latérales sont bien développées et s'étendent jusqu'au hile ; un ligament, reste de la veine ombilicale, se retrouve dans la scissure ombilicale, où il s'enfonce dans une échancrure transversale du lobe central gauche. (Cette échancrure mérite une mention spéciale, car elle persiste alors même que la scissure ombilicale disparaît.) La vésicule biliaire est rattachée au lobe central droit et logée dans la scissure latérale droite. Le lobe latéral droit est notablement plus gros que son congénère gauche, celui-ci égale sensiblement en volume les lobes centraux réunis. Le lobe caudé, très

(1) La diversité des descriptions du foie d'un même animal, données par différents auteurs, tient à l'absence d'une nomenclature basée sur des données morphologiques qui permettent de reconnaître les différentes parties, quelles qu'en soient les modifications. La nomenclature proposée par M. Flower remédierait à cet inconvénient si elle était universellement adoptée.

Cet anatomiste divise le foie en deux segments, répondant aux deux bourgeons intestinaux primitifs qui lui ont donné naissance, et séparés par une scissure dite ombilicale dans laquelle pénètre le rudiment de la veine ombilicale (ligament rond de l'adulte).

Chacun des deux segments est ordinairement divisé par une scissure latérale en deux lobes : un lobe latéral et un lobe central ; la vésicule biliaire est toujours portée par le lobe central droit. La veine cave creuse dans le lobe latéral droit un sillon ou même un tunnel dont le bord antérieur se relève pour former deux lobes plus ou moins isolés et distincts du lobe latéral droit : le lobe de Spigel, à gauche du hile, et le lobe caudé à droite. (Lectures on the comparative anatomy of the organs of digestion of the Mammalia. — *Med. Times and Gazette*, 1872, t. I, p. 293.)

développé, dépasse en volume l'un des lobes centraux ; il présente la forme d'une pyramide triangulaire rattachée par sa base à la masse du foie sur laquelle s'applique sa face supérieure ; la face postérieure présente une dépression dans laquelle se loge le rein droit ; le lobe de Spigel est peu volumineux, mais nettement distinct et d'aspect linguiforme.

Chez le *Cynonycteris amplexicaudata*, le lobe central gauche est beaucoup plus petit que le lobe central droit dont il est peu distinct ; le lobe caudé est lui-même dans presque toute sa face supérieure en continuité de substance avec le lobe latéral droit ; le lobe de Spigel est très réduit et linguiforme.

Chez l'*Hypsignatus monstrosus*, au contraire, le lobe de Spigel est assez volumineux et de forme quadrilatère, tandis que le lobe caudé est réduit et tranchant ; les lobes centraux forment une masse plus volumineuse même que le lobe latéral droit ; leur distinction est indiquée à la face inférieure seulement par une fossette transversale où pénètre le rudiment de la veine ombilicale ; le lobe latéral droit est creusé d'une cavité qui reçoit le rein ; la vésicule biliaire est suspendue à la face concave du lobe central droit.

Le lobe caudé est représenté par un simple bourrelet chez l'*Epomophorus comptus* et le lobe de Spigel est indistinct. La vésicule biliaire occupe sa situation habituelle dans la scissure latérale droite.

Dans le genre *Eonycteris*, je n'ai pu trouver, comme M. Dobson, aucune trace de scissure ombilicale séparant les deux lobes centraux ; leur distinction n'est indiquée que par le sillon transversal de la veine ombilicale, entre lequel et le hile est limité un très petit lobe accessoire. La partie qui correspond au lobe central droit se prolonge en pointe vers l'estomac, dont la portion réfléchie trace un sillon dans son bord antérieur. Le lobe latéral droit, très développé, est creusé d'une cavité enveloppant le rein ; le lobe caudé fait entièrement défaut et le lobe de Spigel est réduit à une éminence du lobe latéral droit.

Je n'ai pu observer le foie du *Harpyia cephalotes* qui, d'après la description de M. Dobson, paraît se rapprocher de celui des Microchiroptères.

Microchiroptères. — Chez les Microchiroptères, outre le développement du lobe de Spigel et la réduction plus ou moins grande du lobe caudé, le foie est caractérisé par la tendance du lobe central gauche à disparaître. Mais cette tendance se manifeste dans deux voies différentes, suivant qu'il s'agit des Rhinolophides, des Nyctérides et des *Rhinopoma* d'une part, des Vespertilionides, des Emballonurides et des Phyllostomides de l'autre. Chez les premiers, le lobe central gauche est absorbé par le lobe latéral du même côté, tandis que dans le second cas il se soude au lobe central droit, comme nous avons déjà vu le fait se présenter chez quelques Mégachiroptères (*Hypsignathus, Epomophorus* et *Eonycteris*).

Rhinolophides. — Le foie du *Phyllorhina diadema* (fig. 17) est divisé par une scissure ombilicale profonde en deux segments à peu près d'égal volume. Deux scissures latérales qui ne s'étendent pas jusqu'au hile, séparent les lobes centraux des lobes latéraux : celle du côté gauche est la plus profonde et le lobe central de ce côté est à peu près de moitié moins volumineux que le lobe latéral. Au contraire, le lobe central et le lobe latéral droits sont sensiblement égaux. Le lobe de Spigel est très allongé, aplati et de forme quadrilatère : le lobe caudé quoique petit forme une saillie assez bien délimitée à l'extrémité de la crête qui, à la face inférieure du lobe latéral droit, sépare la partie libre de la dépression où se loge le rein. La vésicule biliaire est rattachée non au lobe central droit comme c'est la règle générale, mais au lobe central gauche et située dans la scissure ombilicale. Chez le *Phyllorhina Commersonii*, d'après M. Dobson, le lobe central gauche est beaucoup plus réduit.

Chez le *Rhinolophus hipposideros*, le lobe latéral gauche est extrêmement développé et forme à lui seul la moitié de l'organe; sa face inférieure est creusée d'une cavité qui loge le rein correspondant; le lobe central est au contraire extrêmement réduit et forme seulement à la face inférieure du foie une petite bande limitée à gauche et en haut par le lobe latéral gauche, à droite par la vésicule biliaire ; le lobe central droit au contraire présente un prolongement étiré en pointe qui passe en avant du duodénum et sépare sa portion horizontale du reste de la masse intestinale. Le lobe latéral droit est bien développé et présente, dans son bord postérieur, une dépression rénale beaucoup moins profonde que celle du lobe latéral gauche. Le lobe de Spigel est très saillant et arrondi, le lobe caudé est représenté seulement par une crête du lobe latéral droit qui sépare le hile de la veine cave. La vésicule biliaire est située dans une dépression du lobe central droit et est visible à la face dorsale du foie dans la scissure ombilicale chez le *Rh. ferrum-equinum*, le lobe central gauche est un peu moins réduit et la vésicule biliaire est suspendue à sa face inférieure.

Nyctérides. — Le foie du Mégaderme est intermédiaire en forme à celui des Rhinolophes et des *Phyllorhina*. Le développement du lobe central gauche rappelle le *Rh. ferrum-equinum*, mais il existe un lobe caudé assez bien développé et plus épais que celui du *Phyllorina*, le lobe de Spigel est court et gibbeux.

En outre, un lobe supplémentaire est appendu à la face supérieure du lobe latéral gauche en arrière du hile et semble représenter du côté gauche le lobe de Spigel ; on voit, du reste, un rudiment de ce lobe chez le grand Fer-à-cheval. La vésicule biliaire est située dans la scissure latérale droite et rattachée au lobe central de ce côté.

Chez le *Nycteris*, le lobe de Spigel est plus développé et le lobe accessoire fait défaut.

Rhinopoma. — Le *Rhinopoma microphyllum* dont les affinités sont douteuses, par la constitution de son foie, se rattache aux Nyctérides et non pas aux Emballonurides avec lesquels le place M. Dobson. La scissure ombilicale existe en effet peu profonde, s'étendant à peine à la moitié de la distance qui sépare du hile le bord libre du foie. Un ligament rond bien développé en montre la nature. Le segment gauche est indivis, une très légère encoche de son bord libre indique peut-être à peine la division en lobes central et latéral. La moitié droite du foie est plus réduite ; la vésicule biliaire occupe la scissure latérale droite, le lobe central est étiré en pointe assez allongée. Le lobe caudé est indistinct, le lobe de Spigel bien développé et comme bifurqué.

Dans les familles qui nous restent à étudier, la vésicule biliaire est toujours située dans la scissure latérale droite et la scissure ombilicale étant très réduite ou nulle, le lobe central gauche est plus ou moins confondu avec le lobe central droit.

Vespertilionides. — Dans le genre *Vespertilio*, par exemple, le lobe latéral gauche forme presque la moitié du foie, il est séparé par une scissure profonde des lobes centraux. La scissure latérale droite dans laquelle est située la vésicule biliaire s'étend également jusqu'au hile. La scissure ombilicale au contraire est réduite à un sillon visible seulement à la face inférieure du foie, les lobes centraux forment une seule masse, le lobe central gauche n'égale pas en volume la moitié du lobe central droit. Celui-ci émet le processus triangulaire ordinaire, moins allongé cependant que chez les Rhinolophes ; le lobe caudé quoique non délimité à sa base est assez saillant et presque égal chez le Murin au lobe de Spigel linguiforme. Chez la Barbastelle, le lobe caudé n'est pas distinct, les lobes centraux sont séparés par un sillon très court et bifurqué en Y.

Chez l'Oreillard, la scissure ombilicale est encore visible à la face inférieure des lobes centraux, le lobe latéral gauche extrêmement développé forme les deux tiers du foie, le lobe de Spigel est bien isolé et médiocrement long.

Dans les genres *Scotophilus* et *Vesperugo*, le lobe latéral gauche est un peu moins développé, chez le dernier surtout, la scissure ombilicale a entièrement disparu et n'est plus indiquée que par le rudiment de la veine ombilicale qui montre entre les deux lobes centraux les mêmes rapports que dans les genres précédents. Le lobe caudé est à peine visible ou indistinct, le lobe de Spigel au contraire extrêmement allongé et accolé en partie à la portion terminale de l'œsophage.

Le foie du Minioptère est assez différent de celui des autres Vespertilionides par l'existence d'un lobe caudé peu développé il est vrai, mais parfaitement délimité, et par le volume du lobe central gauche presque égal au lobe central droit; le lobe de Spigel est très réduit.

Emballonurides. — Dans la famille des Emballonurides la coalescence des lobes centraux est complète, et il ne reste absolument aucune trace de la scissure ombilicale, je n'ai rencontré nulle part même un rudiment de la veine ombilicale. Cependant l'observation d'un embryon de Molosse m'a montré qu'en réalité les rapports des parties sont les mêmes que chez les Vespertilionides; le lobe central gauche est seulement très petit et n'entre que pour une faible partie dans la constitution du lobe central unique.

Chez le *Taphozous melanopogon*, le lobe latéral gauche forme à lui seul la moitié du foie; le volume des lobes centraux réunis est sensiblement égal à celui du lobe latéral droit. Le lobe de Spigel très développé et de forme carrée occupe sa place habituelle. Le lobe caudé, contrairement à ce qu'a observé M. Dobson chez le *Taphozous nudiventris*, est très net et linguiforme, il se projette au-dessus du hile en avant du pylore dans la direction du lobe de Spigel. Chez l'*Emballonura* et le *Saccopterix*, au contraire, le lobe caudé est indistinct, le lobe de Spigel est aussi beaucoup plus réduit dans le dernier genre.

Chez le Noctilion, le lobe central unique est beaucoup plus petit que dans les genres précédents et sa partie droite moins étirée en pointe. Il porte à sa face inférieure un petit lobe accessoire qui fait saillie en avant du hile sous le lobe latéral gauche. Le lobe latéral droit au contraire acquiert un développement tel que la partie droite du foie égale la partie gauche. Le lobe de Spigel est plus étroit et plus allongé que chez les autres Emballonurides, le lobe caudé mal défini. La vésicule biliaire profondément enfoncée dans la scissure latérale droite est visible à la face supérieure du foie.

Le foie des *Nyctinomus* ressemble davantage à celui du

Taphozous, le lobe central unique est même plus important
que le lobe latéral droit ; le lobe caudé est plus nettement distinct du lobe latéral droit. Le lobe de Spigel est allongé et
linguiforme comme chez le Noctilion.

Chez le *Molossus obscurus*, le lobe latéral droit est plus développé, et le lobe caudé n'est pas distinct.

Le foie du *Cheiromeles torquatus* que j'ai étudié était lacéré
par le plomb, il semble ne différer de celui des autres Molossiens que parce qu'il ne possède pas un lobe de Spigel distinct.
La vésicule biliaire, quoique située dans la scissure latérale
droite, est rejetée à la face inférieure du lobe central.

Phyllostomides. — Le foie des Phyllostomides diffère peu,
comme le fait remarquer M. Dobson, de celui des Emballonurides ; la coalescence des lobes centraux est poussée au même
point. Le *Desmodus rufus* seul parmi les espèces que j'ai étudiées présente à l'état adulte un rudiment de la veine ombilicale indiquant le point où devrait exister la scissure ombilicale.

Chez le *Carollia brevicauda*, le lobe latéral gauche allongé et
contourné en forme de croissant forme à lui seul les deux tiers
de la masse hépatique ; le lobe central est petit et peu étiré dans
sa partie droite, le lobe latéral droit est un peu plus important, le lobe caudé n'est pas distinct ; le lobe de Spigel est
au contraire très développé, étroit à sa base, élargi plus loin
et terminé par un bord tranchant.

La disposition est la même chez le *Macrotus* et le *Phyllostoma ;* la vésicule biliaire chez ce dernier est visible à la face
supérieure du foie dans la scissure latérale droite ; il existe un
petit lobule saillant en avant du hile.

Dans le genre *Glossophaga*, le lobe de Spigel est beaucoup
plus large et plus court.

Le foie de l'*Artibeus* (fig. 18) ressemble à celui du *Carollia*,
sauf en ce que le lobe latéral droit prend un développement
énorme par rapport au lobe central. Le lobe de Spigel est très
peu saillant et réduit à une éminence large et à bords libres
concaves. Le lobe caudé ne se distingue pas de la crête saillante du lobe latéral droit.

Le foie du *Desmodus*, d'après M. Flower dont la description est reproduite par M. Dobson, différerait non seulement de celui de tous les autres Chiroptères, mais de celui de tous les Mammifères insectivores et carnivores, en ce qu'il est très peu lobé; il existerait une scissure ombilicale distincte et deux scissures latérales réduites à de simples échancrures limitant deux lobes latéraux et deux lobes centraux.

Cette description me paraît être le résultat d'une erreur dont il est difficile de se rendre compte, car elle ne se rapporte en aucune façon à ce que j'ai observé, ni même à la figure peu exacte d'ailleurs donnée par M. Huxley (1). Peut-être M. Flower a-t-il observé une espèce différente, un *Diphylla* par exemple.

Le foie du *Desmodus* (fig. 13) en effet se rattache de très près à celui des autres Phyllostomides, dont il ne diffère que par un seul caractère important, l'absence totale du lobe de Spigel, absence nécessitée par les rapports des orifices cardiaque et pylorique de l'estomac. Les scissures latérales existent seules représentées par des échancrures larges et peu profondes; un ligament, reste de la veine ombilicale, indique comme nous l'avons vu la situation que devrait occuper la scissure ombilicale. Le lobe latéral gauche a la forme habituelle de croissant et constitue la moitié du foie, il présente de même que le lobe latéral droit une dépression rénale.

Le lobe caudé non délimité est représenté par une saillie très accusée de l'extrémité de la crête qui à la face inférieure du lobe latéral droit limite en avant la dépression rénale.

La disposition des voies biliaires est essentiellement la même que chez l'homme. Un ou plusieurs canaux hépatiques viennent déboucher dans le canal cystique, près du col de la vésicule biliaire.

Le canal cholédoque après avoir reçu le canal pancréatique débouche dans le duodénum en un point dont la distance au pylore varie avec les espèces de 12 à 21 millimètres chez les

(1) Huxley. *Loc. cit.*

Mégachiroptères, de 3 à 11 millimètres chez les Microchiroptères.

CONCLUSIONS

1° Le lobe latéral gauche du foie est toujours bien développé et forme souvent la plus grande partie de la masse hépatique. (Dobson.)

2° Chez les Mégachiroptères, le foie est caractérisé en général par le peu de délimitation du lobe de Spigel et dans quelques genres par le développement du lobe caudé. (Dobson.)

3° Chez les Microchiroptères, au contraire, le lobe de Spigel est très développé et le lobe caudé réduit ou nul (Dobson). Un autre caractère est fourni par la réduction du lobe central gauche et sa coalescence plus ou moins intime avec le lobe latéral du même côté (Rhinolophides, Nyctérides, *Rhinopoma*), ou bien avec le lobe central droit (Vespertilionides, Emballonurides, Phyllostomides).

4° La vésicule biliaire est toujours située dans la scissure latérale droite, sauf dans la famille des Rhinolophides où elle est dans la scissure ombilicale. Elle peut même dans ce cas être rattachée au lobe central gauche. Le caractère attribué par M. Flower au lobe central droit de porter toujours la vésicule biliaire n'est donc pas sans exception.

5° Les variations du lobe de Spigel sont dépendantes de celles de la petite courbure de l'estomac.

§ 6. — Pancréas.

M. Flower est, ainsi que nous l'avons vu, le seul auteur qui ait consacré quelques mots au pancréas d'un Chiroptère. Sa description, pour être brève, n'en contient pas moins les faits les plus importants à noter.

Partout, en effet, le pancréas est constitué par deux lobes principaux qui se réunissent plus ou moins près du canal cholédoque dans lequel leur conduit commun va déboucher. Cependant le développement plus ou moins grand de ces lobes, leurs subdivisions en lobules, la réunion des acini qui les constituent en une masse compacte ou leur dispersion entre les deux feuillets du mésentère, amènent des variations qui méritent une description plus précise.

D'abord une grande différence frappe l'observateur, suivant qu'il s'adresse à un Mégachiroptère de la famille des Ptéropodides, ainsi que je l'ai définie au commencement de ce travail, ou bien qu'il a sous les yeux soit un *Harpyia*, soit un Microchiroptère. Dans le premier cas, le pancréas est compact e se présente sous l'aspect d'une bande glandulaire de forme bien dessinée ; dans le second cas, au contraire, les acini de la glande sont séparés les uns des autres et s'étalent plus ou moins irrégulièrement entre les deux lames du mésentère ; le pancréas est diffus comme chez les Rongeurs, quoique généralement à un moindre degré.

Ptéropodides. — Chez le *Pteropus medius*, les canaux pancréatiques sont dans toute leur longueur entourés d'une substance glandulaire, ils ne sont libres nulle part, même au point où le canal unique, résultant de leur réunion, débouche dans le canal cholédoque, immédiatement avant que celui-ci s'ouvre lui-même dans le duodénum.

En partant de ce point la glande forme une sorte de bande d'environ quatre centimètres, étroite d'abord, puis élargie vers sa terminaison, qui se place derrière l'estomac en suivant une direction horizontale. De ce lobe principal, que j'appellerai post-stomacal, se détache, à une certaine distance de son origine, un lobe quadrilatère, long d'environ quinze millimètres, qui descend verticalement dans le mésentère et que je désignerai sous le nom de lobe intestinal (1). Enfin une petite bandelette glanduleuse, naissant de la terminaison même du pancréas, s'accole au duodénum sur un espace d'un centimètre.

(1) Je préfère ces noms à ceux de lobes transversal et vertical, proposés par Meckel, parce qu'ils s'appliquent toujours d'après les rapports de situation des parties, tandis que la direction est difficile à établir lorsqu'il s'agit d'une masse de forme irrégulière.

La disposition est exactement la même chez le *Pteropus rubricollis*, les dimensions sont seulement beaucoup plus réduites.

Chez le *Cynonycteris amplexicaudata*, le lobe intestinal se réunit au lobe stomacal plus près de son extrémité duodénale.

La glande pancréatique est encore plus compacte dans les genres *Hypsignathus*, *Epomophorus*, *Eonycteris*. Dans le dernier (fig. 5), le lobe intestinal est très réduit et à peine indiqué.

Harpyia et Microchiroptères. — Le pancréas est diffus chez les *Harpyia* et chez les Chauves-Souris insectivores. Les Phyllostomides frugivores ou du moins l'*Artibeus*, le seul genre que j'aie étudié, établissent la transition entre les deux groupes.

Les Rhinolophides (*Rhinolophus* et *Phyllorhina*) nous fournissent un excellent type de cette disposition. Les acini glandulaires entourant encore les canaux jusqu'à leur terminaison s'étalent tant derrière l'estomac que dans la partie supérieure du mésentère, où ils arrivent en contact avec les ganglions lymphatiques réunis en un pancréas d'Aselli. La disposition des canaux permet de reconnaître toujours deux lobes comme chez les Roussettes. La figure 19 représente le pancréas d'un *Rh. ferrum-equinum*, dans lequel l'alcool n'avait pénétré que lentement de façon qu'un commencement de putréfaction s'était produit dans les viscères; la distribution des canaux pancréatiques y est extrêmement visible. Le lobe post-stomacal dans cette figure est fort petit; dans aucun autre cas je ne l'ai trouvé aussi réduit.

Le lobe intestinal est plus étalé chez le *Rh. hipposideros*.

Chez le *Megaderma spasma*, le lobe post-stomacal est de beaucoup le plus important, il existe presque seul chez le *Nycteris*.

La disposition est la même chez les Vespertilionides, le lobe intestinal assez développé d'ordinaire est plus réduit chez la Barbastelle. Le pancréas, dans son ensemble, est un peu plus compact chez l'Oreillard (*Plecotus*) que dans les autres représentants du groupe.

Dans la famille des Emballonurides, les deux lobes du pancréas sont d'ordinaire très nettement séparés, par exemple chez le *Rhinopoma* où le lobe intestinal est très allongé.

Il est plus réduit chez le *Saccopterix* et surtout le *Taphozous*. Il est, au contraire, bien développé chez le Noctilion, sans être cependant aussi important que le lobe post-stomacal.

Chez l'*Emballonura* enfin, le lobe intestinal se divise en deux branches, l'une située comme à l'habitude dans le mésentère, l'autre plus courte accolée au duodénum.

Dans le groupe des Molossiens les deux lobes sont plus ou moins largement accolés et ne se distinguent souvent qu'à leurs canaux spéciaux.

Parmi les Phyllostomides, il faut distinguer ceux qui se nourrissent d'Insectes, des espèces frugivores ou sanguivores.

Parmi les premiers, le *Phyllostoma hastatum* et le *Macrotus Waterhousii* présentent un lobe post-stomacal extrêmement étalé, un lobe intestinal assez réduit et quelques lobules courant le long du duodénum. Ces lobules sont plus importants chez le *Carollia*, et le lobe post-stomacal multifide est un peu plus condensé.

Dans le genre *Glossophaga*, la masse est notablement plus dense et tend vers l'aspect qui s'observe chez les espèces frugivores.

Chez l'*Artibeus*, en effet (fig. 18), le pancréas est presque aussi compact que chez les Roussettes. Le lobe post-stomacal, de beaucoup le plus important, a la forme d'une grosse bande prismatique assez large à sa base, effilée vers l'extrémité ; le lobe intestinal est beaucoup plus réduit, la portion commune est aplatie et émet une bandelette glanduleuse qui s'étend assez loin le long du duodénum.

Le pancréas du *Desmodus* est aussi assez compact quoique à un moindre degré, mais de forme très différente ; au lieu de s'étirer en languette, il forme une lame aplatie divisée en deux lobes, l'un quadrilatère, situé derrière la partie initiale de l'es-

tomac, l'autre un peu plus petit et triangulaire situé derrière
la masse intestinale ; la bandelette duodénale fait entièrement
défaut.

<h2 style="text-align:center">CONCLUSIONS</h2>

1° Le pancréas est compact chez les Ptéropodides, diffus
chez les *Harpyia* et les Microchiroptères ; les Sténodermes frugivores établissent une transition entre les deux formes.

2° Le pancréas se divise toujours en deux lobes principaux :
l'un situé derrière l'estomac, l'autre derrière la masse intestinale dans la racine du mésentère ; souvent une bandelette
distincte suit en outre le duodénum.

3° Les canaux des deux lobes se réunissent pour déboucher
dans le canal cholédoque peu avant sa terminaison dans l'intestin (Flower).

II. — Appareil de la respiration

§ 1. — Hyoïde.

L'os hyoïde a été décrit par de Blainville (1) dans les principales formes de Chiroptères. D'une manière générale, le
corps de l'hyoïde est étroit et peu développé dans le sens transversal. Les grandes cornes, très grêles et formées de deux
articles (cérato-hyal, épihyal), ne s'articulent pas directement
avec lui, mais y sont reliées par un ligament ; elles se terminent
supérieurement par une extrémité aplatie en spatule et étroitement appliquée sur la bulle tympanique du crâne. Les petites
cornes sont, au contraire, courtes et robustes et s'articulent
directement tant avec le corps de l'hyoïde qu'avec la corne
supérieure du cartilage thyroïde.

Les Mégachiroptères des genres *Epomophorus* et *Hypsignathus* s'écartent seuls de ce type d'une manière notable, comme
l'a tout récemment montré M. Dobson (2). Le cératohyal est

---

(1) De Blainville. *Ostéographie des Mammifères*, I, Chiroptères, p. 9, 19,
25, 27, 29, pl. X.

(2) Dobson. On the structure of the pharynx, larynx and hyoïd bones of Epo-
mophori (*Proc. zool. Soc.*, 1881, p. 685).

encore cylindrique et plus ou moins raccourci, mais l'épihyal
ou article terminal de la grande corne, au lieu de revêtir de
même la forme d'une tige très grêle, s'élargit en une sorte de
bouclier circulaire situé sur les côtés du pharynx. Sa surface
antérieure, très concave chez le mâle, presque plane chez la
femelle, présente, près de son point d'articulation, une apophyse sur laquelle glisse comme sur une poulie le muscle
mylo-hyoïdien. Cette apophyse existe seulement dans les espèces
où le mâle possède, comme nous le verrons plus bas, des sacs
pharyngiens, c'est-à-dire chez les *E. Franqueti, pusillus, comptus*, et chez l'*Hypsignathus monstrosus*, on la trouve, quoique
très réduite chez la femelle, qui ne possède cependant pas ces
sacs (fig. 25, *a*). Elle fait défaut, au contraire, chez les *E. gam-
bianus, labiatus* et *minor*, dont l'épihyal est plus losangique et
presque plan.

§ 2. — Larynx.

Pallas (1) est le premier auteur qui fasse mention du larynx
des Chiroptères, en disant que chez le *Vespertilio (Glossophaga) soricinum*, cet organe est petit et court et la glotte
bilabiée.

Vicq d'Azyr (2) en donne quatre figures assez imparfaites
chez deux espèces qu'il désigne sous le nom de Vampire à
nez simple et Vampire à nez composé, et qui sont sans doute
un Phyllostome et un *Phyllorhina* ou un Rhinolophe. Il nie
l'existence de l'épiglotte et des cordes vocales qui, dans l'une
des deux espèces, seraient représentées par quelques replis
membraneux seulement ; l'épiglotte est cependant nettement
visible dans sa figure 21.

Blumenbach (3) reproduisit cette assertion (4), qui fut

(1) Pallas. *Spocilegia zoologiæ*, fasc. III, p. 32, 1767.

(2) Vicq d'Azyr. Mémoire sur la voix (*Mém. de l'Académie des sciences*, 1779,
p. 191, pl. XI, fig. 21 et 22, pl. XII, fig. 23 et 24).

(3) Blumenbach. *Handbuch der vergl. anatomie*, p. 277, 1805.

(4) C'est à tort que Meckel dit que Blumenbach nie l'existence du larynx
tout entier chez les Chiroptères. Blumenbach s'exprime, en effet, en ces
termes : « Der Kehldeckel fehlt inzwischen den mehresten Fledermaüsen. »

définitivement repoussée par L. Wolff (1), qui montre que l'épiglotte et les cordes vocales existent d'une manière constante. Cependant Cuvier et Meckel, dans leurs traités d'anatomie comparée, en décrivant l'épiglotte comme beaucoup plus réduite qu'elle ne l'est en réalité, semblent hésiter à abandonner l'erreur de Vicq d'Azyr.

Brandt (2) figura le larynx d'une Roussette et décrivit avec soin tous les cartilages qui entrent dans sa constitution. Sa description et l'une de ses figures ont été reproduites par Bishop (3), et ensuite par M. Owen (4).

Le larynx est, dans la plupart des cas, assez simple ; chez les Mégachiroptères des genres *Hypsignathus* et *Epomophorus* seuls, il prend un développement tout à fait inusité. Nulle part il n'existe de sacs laryngiens véritables comme ceux que l'on rencontre chez un grand nombre de Singes par exemple, mais on observe des organes analogues annexés à la trachée dans les familles des Rhinolophides et des Nyctérides, au pharynx chez l'*Hypsignathus monstrosus* et certaines espèces d'*Epomophorus*.

Vespertilionides. — Le larynx du *Vespertilio murinus* est court et large. Sa charpente (fig. 20) est formée par les cartilages ordinaires : thyroïde, cricoïde, aryténoïdes et cartilages de Santorini. Le thyroïde revêt une forme assez particulière ; chacune des deux lames qui se réunissent pour le constituer peut se diviser en deux portions. L'une antérieure, assez étroite, à bords à peu près parallèles, s'étend obliquement depuis le corps de l'hyoïde, sous lequel elle s'unit à sa congénère jusqu'au point où le diamètre transversal du larynx est le plus considérable ; à son extrémité, elle porte un tubercule saillant sur lequel s'insère le muscle sterno-thyroïdien et qui limite supérieurement l'insertion du muscle constricteur

(1) L. Wolff. *Diss. anat. de organo vocis Mammalium*, Berlin, 1812.

(2) Brandt. *Observationes anatomicæ de Mammalium quorumdam præsertim quadrumanorum vocis instrumento*, p. 28. Dissert. inaug., Berlin, 1816.

(3) Bishop. Article *Voice* in *Todd's cyclopædia*, IV, part. 2, p. 1489.

(4) Owen. *Comparative anatomy of Vertebrates*, III, p. 586, 1868.

moyen du pharynx. La portion postérieure qui commence en ce point est presque aussi étendue que la première et a la forme d'une sorte d'aile verticale s'avançant latéralement jusque sur les côtés du pharynx ; elle est constituée par la réunion des deux cornes thyroïdiennes, l'inférieure, qui s'articule avec le cricoïde, médiocrement développée et assez étroite, la supérieure, beaucoup plus étendue et falciforme, articulée latéralement avec l'extrémité de la petite corne de l'hyoïde.

Le cartilage cricoïde est très élevé en arrière, sa hauteur dépasse la moitié de la hauteur totale du larynx ; en avant, son bord supérieur est profondément échancré. La face postérieure du chaton est creusée de deux fossettes où s'insèrent les muscles crico-aryténoïdiens latéraux, fossettes séparées par une crête médiane assez accusée.

Les cartilages aryténoïdes ont la forme d'un coin, ou plutôt d'une lame quadrilatère dirigée obliquement de dehors en dedans, à face antérieure plane, à face postérieure très excavée. A leur angle supéro-interne est un très petit cartilage de Santorini. Il n'existe pas de cartilage interarticulaire comme chez le Hérisson.

En avant, les deux lames du thyroïde ne se rejoignent que sur une faible étendue ; le cricoïde est lui-même profondément échancré, de sorte que les deux cartilages laissent entre eux un large vide fermé par la membrane crico-thyroïdienne. La grande élasticité de cette membrane, jointe à l'absence de tout tissu résistant à sa surface externe, ne permet pas de la considérer comme un simple ligament ; elle semble pouvoir jouer le rôle d'un sac laryngien temporaire. En ouvrant le larynx par la face postérieure, on reconnaît que ce sac temporaire est ouvert en avant et au-dessous des ventricules laryngiens.

Les ventricules sont étroits et peu profonds, les cordes vocales inférieures un peu plus saillantes que les supérieures.

La partie médiane de la membrane crico-thyroïdienne est

libre, comme nous l'avons vu ; ses bords contribuent à donner attache au muscle crico-thyroïdien dont les fibres sont très obliques de dehors en dedans (fig. 21). Ce muscle se divise nettement en deux faisceaux, dont l'inférieur, moins oblique, s'insère sur la corne inférieure du thyroïde. Les autres muscles ne présentent rien d'important à noter, les aryténoïdiens transverses sont fort peu développés.

L'épiglotte est très saillante et soutenue en avant par un fibro-cartilage arrondi terminé en pointe obtuse. Les bords du repli épiglottique se prolongent jusqu'au sommet des cartilages aryténoïdes, formant autour de la glotte un bourrelet presque complet, une circonvallation contre laquelle le bord inférieur du voile du palais s'appuie d'une manière constante, fermant complètement en arrière la cavité buccale, comme chez le Cheval ou l'Éléphant. C'est cette disposition qui permet à l'animal de tenir la bouche ouverte pendant qu'il vole sans amener de trouble dans les mouvements respiratoires.

La constitution du larynx est la même chez tous les représentants de la famille des Vespertilionides. Chez l'Oreillard, la membrane crico-thyroïdienne est un peu plus développée que chez le Murin.

Rhinolophides. — Le larynx des Rhinolophes diffère de celui des Vespertilions, en ce qu'il est plus court et plus fortement musclé, mais surtout par la présence de trois ampoules cartilagineuses trachéennes.

La portion postérieure du cartilage thyroïde (fig. 22) est beaucoup plus réduite, et n'est plus développée en forme d'aile ; la corne inférieure, assez élargie et souvent ossifiée, continue la direction de la portion antérieure ; la corne supérieure est très étroite et réduite à une petite tige rectiligne. Le bord inférieur du cartilage présente sur la ligne médiane une échancrure limitée par deux petites saillies. Le cartilage cricoïde, très étroit en avant, est, au contraire, très élargi en arrière et porte une carène verticale extrêmement saillante (fig. 23). La plus grande partie du cricoïde, de même que les cornes inférieures du thyroïde, est souvent ossifiée. Les cartilages aryténoïdes sont eux-mêmes beaucoup plus volumineux que chez le Murin; ils portent deux apophyses qui se rencontrent sur la ligne médiane au-dessus du chaton du cricoïde. Leur extrémité supérieure est surmontée par un cartilage de Santorini qui soulève le bord de la glotte et forme presque, avec son congénère, une épiglotte postérieure telle que celle que nous allons trouver chez quelques Roussettes.

Les muscles du larynx sont extrêmemnt puissants, comme le montre le développement de leurs surfaces d'insertion; les thyro-aryténoïdiens sont en particulier énormes. Les crico-thyroïdiens recouvrent entièrement la membrane crico-thyroïdienne qui n'est plus élastique.

Immédiatement au-dessous du cartilage cricoïde se montrent deux grosses ampoules cartilagineuses sphériques, accolées l'une à l'autre en arrière, assez écartées en avant, leur cavité s'ouvre largement dans le larynx. Au premier abord, il est difficile de reconnaître si elles appartiennent au cartilage cricoïde ou au premier cartilage trachéen; cependant leur mobilité par rapport au cricoïde rend la seconde hypothèse plus vraisemblable. L'étude du genre *Nycteris* ne peut du reste laisser aucun doute à cet égard.

Une troisième ampoule impaire, située immédiatement au-dessous des premières, est presque entièrement close et s'ouvre dans la trachée par un orifice étroit situé au niveau du quatrième anneau; sur tout le reste de son étendue, elle est simplement accolée à la trachée et lui est seulement reliée par du tissu conjonctif. Cette dernière ampoule est cartilagineuse dans ses parties latérales, fibreuse dans la région médiane.

Les trois ampoules existent également développées aussi bien chez la femelle que chez le mâle.

Les ampoules paires dues à une modification du premier anneau de la trachée ne me paraissent avoir d'analogue connu dans aucun autre groupe de Mammifères. Quant à l'ampoule impaire ouverte au niveau du quatrième anneau de la trachée et reliée sur toute son étendue à ce tube par du tissu conjonctif, elle est absolument comparable au sac trachéen décrit par

M. Alph. Milne-Edwards (1) chez les Lémuriens du genre *Indris*. Cependant au lieu de descendre le long de la trachée à partir de son point d'insertion, elle remonte vers le larynx et, ce qui est plus important, ses parois sont en grande partie cartilagineuses, tandis que chez l'Indris elles sont entièrement membraneuses et susceptibles d'être comprimées par la contraction des fibres inférieures du muscle constricteur du pharynx.

Dans le genre *Phyllorhina*, où la structure du larynx est la même, les ampoules paires sont beaucoup plus étroites et plus allongées dans le sens antéro-postérieur, aussi sont-elles entièrement cachées par les muscles crico-aryténoïdiens latéraux et pour les voir il faut enlever ces muscles et le corps thyroïde.

L'ampoule impaire qui existe chez les *Ph. diadema* et *armigera*, fait défaut chez le *Ph. Commersonii*. Elle est très saillante, à parois plus solidement cartilagineuses que chez les Rhinolophes, sauf sur la ligne médiane où elle présente un sillon qui lui donne un aspect bilobé.

Nyctérides. — Chez les *Nycteris*, la forme générale du larynx est la même, mais il est beaucoup moins puissant, moins fortement musclé, c'est dire que les diverses saillies des cartilages sont plus ou moins atténuées. L'épiglotte et les cartilages de Santorini sont peu saillants, de sorte que la glotte au lieu d'être bilabiée est arrondie et entourée d'un repli circulaire uniforme.

Les deux ampoules paires existent seules, mais elles se montrent très nettement formées par le premier anneau de la trachée modifié (fig. 24) et rattaché par une membrane au cartilage cricoïde.

Le larynx des Mégadermes est moins faible que celui des *Nycteris*, mais les ampoules font entièrement défaut.

Phyllostomides. — Dans la famille des Phyllostomides, le larynx ressemble beaucoup à celui des Rhinolophes, mais ne présente aucune trace d'ampoules trachéennes. Comme chez

(1) Alph. Milne-Edwards. Observations sur l'appareil vocal de l'*Indris brevicaudatus* (*Ann. sc. nat.*, 6ᵉ série, I, 1874).

les Rhinolophes, la membrane qui relie le cricoïde au thyroïde est entièrement cachée par les muscles. Le cricoïde ne possède pas d'échancrure médiane, ses cornes inférieures sont médiocres. Les cartilages de Santorini sont très petits. Le cricoïde est un peu moins élevé chez le *Desmodus* que dans les autres genres.

Emballonurides. — Dans le groupe des Molossiens, le larynx est extrêmement voisin de celui des Vespertilionides ; les cornes supérieures du cartilage thyroïde sont seulement plus réduites et plus étroites ; les cartilages aryténoïdes un peu plus grands. La membrane élastique est moins développée chez le *Cheiromeles* que chez les *Nyctinomus* et les *Molossus*.

Chez le *Taphozous melanopogon*, le cricoïde prend un développement vertical extraordinaire, au moins en avant, où il est aussi élevé qu'en arrière ; il acquiert ainsi la forme d'un tronc de cône se continuant avec la trachée par sa petite base ; il s'élève jusque vers le bord du thyroïde de sorte que la membrane crico-thyroïdienne est presque supprimée. Les cornes inférieures du thyroïdes ont assez développées ; les supérieures, au contraire, médiocres. Les anneaux de la trachée sont largement interrompus en arrière et la partie fibreuse qui relie leurs extrémités est plissée et probablement susceptible de se dilater au moment de la phonation du cinquième au dixième anneau. Une disposition analogue est non moins nette chez l'*Emballonura nigrescens*, où la structure du larynx est la même, ainsi que chez les *Rhynchonycteris* et les *Saccopterix*.

Une extensibilité analogue de la membrane de la trachée-artère a été signalée par Cuvier (1) chez l'*Ateles paniscus* et par M. Alph. Milne-Edwards (2) chez l'*A. melanocheir.*

Le larynx du Noctilion est beaucoup plus large et plus court que celui des genres précédents et se rapproche davantage du type des Rhinolophides. Le cricoïde est étroit en avant et la membrane qui le réunit au thyroïde recouverte par les fibres

---

(1) Cuvier. *Anatomie comparée*, 2ᵉ éd., VIII, p. 782.

(2) Alph. Milne-Edwards. *Loc. cit.*, p. 3.

du muscle crico-thyroïdien. La corne supérieure du thyroïde est cependant encore aplatie et aliforme au lieu d'être linéaire comme chez les Rhinolophes. Il n'existe aucune trace d'ampoules trachéennes.

Chez le *Rhinopoma*, l'organisation du larynx diffère moins de celle des Emballonurides ordinaires ; le cartilage cricoïde est cependant déjà notablement plus étroit en avant. Les cornes du thyroïde sont l'une et l'autre très réduites, surtout la supérieure, qui ressemble à celle des Rhinolophides. Les cartilages aryténoïdes sont assez volumineux.

MÉGACHIROPTÈRES (*Ptéropodides*).—Le larynx des *Pteropus*, d'un développement normal par rapport à la taille de l'animal, est spécialement caractérisé par la forme du cartilage thyroïde dont les lames sont presque rectangulaires, un peu plus étroites cependant en avant que sur leur bord libre. La corne supérieure rattachée à l'hyoïde est très courte ; la corne inférieure fait entièrement défaut et c'est l'angle inférieur de la lame thyroïde non différenciée qui s'articule avec le cartilage cricoïde. Celui-ci, assez étroit en avant, est très élevé en arrière où sa carène est médiocrement saillante. Les aryténoïdes sont relativement peu développés et ressemblent pour la forme à ceux du Murin.

Les muscles ne présentent aucune particularité importante à noter, les sterno-hyoïdiens sont plus rapprochés de la ligne médiane que chez les Microchiroptères, les crico-thyroïdiens contigus à leur origine cricoïdienne s'écartent un peu supérieurement pour laisser voir la membrane crico-thyroïdienne sur un petit espace triangulaire.

Ces muscles sont contigus sur toute leur longueur chez les *Cynopterus* et les *Cynonycteris*. En même temps le cartilage thyroïde est un peu plus étroit et il existe une corne inférieure distincte dans le premier genre, à peu près égale à la corne supérieure chez le *Cynonycteris amplexicaudata*.

Le larynx des *Epomophorus* et *Hypsignathus* diffère entièrement de celui de tous les autres Chiroptères par ses dimensions inusitées. Il n'a pas moins chez l'*E. comptus* de deux centimètres de hauteur sur un centimètre de diamètre et occupe toute la longueur du cou depuis la base de la langue jusqu'au sternum (fig. 2). Ce développement énorme n'entraîne du reste aucune modification importante dans la constitu ion de l'organe lui-même ; mais il existe chez les mâles de certaines espèces des sacs pharyngiens qui n'ont d'analogue chez aucun autre Mammifère.

M. Dobson (1) a donné tout récemment de cés parties une excellente description que je ne puis que résumer ici.

L'isthme du gosier, c'est-à-dire l'espace compris entre les piliers antérieurs et les piliers postérieurs du voile du palais, est, comme nous l'avons vu, extrêmement allongé, de sorte que l'appareil hyo-laryngien est reporté vers la base du cou. L'hyoïde, dont la grande corne revèt la forme étrange décrite plus haut, donne insertion en avant seulement aux muscles hyo-glosses et mylo-hyoïdiens, qui partant de sa petite corne se dirigent en avant et restent écartés, laissant voir sur la ligne médiane la muqueuse du pharynx qui n'est séparée de la peau que par une masse graisseuse.

Le pharynx ou plutôt l'isthme du gosier donne naissance à deux paires de sacs. dont les antérieurs sont situés sur les côtés du cou au-dessous et en arrière des oreilles ; les postérieurs séparés des précédents par le muscle sterno-mastoïdien s'étendent jusque sur la partie antéro-inférieure du thorax. C'est au col de ces derniers sacs qu'est due la dépression antérieure des épi-hyaux et chez la femelle où ces sacs n'existent pas, cette suriace n'est pas entièrement plane, mais la concavité en est peu prononcée.

Telle est la disposition chez les *Epomophorus Franqueti*, *comptus* et *pusillus*. Chez l'*Hypsignathus monstrosus*, les sacs postérieurs n'existent pas, mais les sacs antérieurs sont bien développés et séparés par un troisième sac impair.

Au contraire, chez les *Epomophorus macrocephalus*, *labiatus* et *minor*, il existe des muscles génio-hyoïdiens accolés sur la

(1) Dobson. *Loc. cit.*

ligne médiane et recouvrant par conséquent la muqueuse du
pharynx. Les sacs, si développés dans les espèces précédentes,
font entièrement défaut, mais il existe un très petit sac ou diverticulum de la paroi dorsale du pharynx, ouvert presque au-
dessus de la glotte et derrière les arrière-narines.

N'ayant eu à ma disposition que des femelles d'*Hypsignā-
thus monstrosus* et d'*Epomophorus comptus*, je n'ai pu répéter
les observations de M. Dobson relativement aux sacs pharyngiens.

Quant au larynx, ses proportions inusitées sont surtout dues
au cartilage thyroïde, dont la hauteur forme les deux tiers de la
hauteur totale de l'organe.

Chez l'*Epomophorus comptus* (fig. 25), les deux lames réunies en avant sur toute leur longueur forment non plus un
angle dièdre plus ou moins marqué, mais une surface convexe
déprimée à la partie supérieure, faisant au contraire saillie à
la partie inférieure en une pomme d'Adam très proéminente.
Les deux angles se prolongent en deux cornes supérieure et
inférieure.

Le cricoïde est lui-même très large en avant et est relié au
thyroïde par une membrane crico-thyroïdienne assez courte.
En arrière, il est médiocrement élevé et le sommet du chaton
ne dépasse pas le milieu du cartilage thyroïde.

Au-dessus de ce point la paroi postérieure du larynx est
formée par les aryténoïdes accolés l'un à l'autre. Ces pièces
qui, avec les cornes inférieures du thyroïde, sont les seules parties non ossifiées du larynx, ne dépassent pas le développement
habituel et sont très allongées dans le sens transversal.

L'épiglotte, plus développée elle-même qu'elle ne l'est généralement, se recourbe en arrière en une sorte de voûte dans
la concavité de laquelle vient pénétrer en arrière une valvule
qui la clôt très exactement (fig. 26). Cette sorte d'épiglotte
postérieure est soutenue par le cartilage de Santorini, très développé dans le sens vertical et terminé supérieurement en
massue.

Les muscles sterno-hyoïdiens et sterno-thyroïdiens sont

courts et rubanés (fig. 25). Le crico-thyroïdien est extrêmement étendu dans le sens transversal; le thyro-hyoïdien est au contraire étroit et relativement faible.

Les ventricules laryngiens sont extrêmement profonds (fig. 26) et les cordes vocales tant supérieures qu'inférieures très saillantes. Les cordes vocales supérieures se continuent vers leur milieu en deux énormes tubercules semi-lunaires, soutenus par une charpente fibro-cartilagineuse et dirigés verticalement, qui s'élèvent jusque sous l'épiglotte postérieure. Ces deux coussins, comme les appelle M. Dobson, sont aplatis et semblent appliqués l'un contre l'autre à l'état de repos.

Chez l'*Hypsignathus monstrosus*, la disposition est la même. Le larynx entièrement cartilagineux est plus élargi et plus aplati, de sorte que le thyroïde a davantage la forme d'un bouclier; ses cornes supérieures sont plus réduites. Les cartilages de Santorini se réunissent en une pièce impaire, de forme pyramidale, appuyée sur le sommet des aryténoïdes et soutenant l'épiglotte postérieure.

La membrane crico-thyroïdienne est entièrement couverte par les muscles crico-thyroïdiens. Le muscle thyro-hyoïdien est beaucoup plus court que chez l'*Epomophorus* et s'insère seulement à la partie supérieure du thyroïde au-dessus des sterno-thyroïdiens.

L'épiglotte est plus saillante encore et plus recourbée en dôme recouvrant entièrement la glotte.

§ 3. — Trachée.

La trachée se divise en deux bronches, dont chacune pénètre dans le poumon avant de se subdiviser. Les anneaux sont tantôt complets, tantôt interrompus en arrière, variations sans grande importance qui ne suivent pas l'ordre zoologique. J'ai trouvé les anneaux complets dans toute la longueur de la trachée dans les genres *Rhinolophus*, *Phyllorhina*, *Nycteris*, *Plecotus*, *Synotus*, *Miniopterus*, *Noctilio*, *Rhinopoma*; les derniers seulement sont incomplets chez le *Vespertilio mystacinus*, et les *Phyllostoma*, *Macrotus*, *Carollia*, *Glossophaga*, *Artibeus*.

Ils sont interrompus dans toute la longueur de la trachée chez le *Vespertilio murinus*, les *Vesperugo*, *Scotophilus*, *Atalapha*, *Desmodus*, où la partie membraneuse est du reste fort étroite ; elle est plus large chez les *Cheiromeles*, *Molossus* et *Nyctinomus*. Dans les genres *Taphozous*, *Saccopterix*, *Emballonura*, les premiers anneaux sont très largement interrompus, les autres ont leurs extrémités beaucoup plus rapprochées. Le contraire a lieu chez les Mégachiroptères, où les premiers anneaux sont à peine interrompus, tandis que les suivants le sont de plus en plus largement ; les deux premiers sont même complets dans les genres *Pteropus* et *Eonycteris*.

Nous n'avons pas à revenir sur les sacs vocaux formés aux dépens de la trachée et que nous avons décrits à propos du larynx.

§ 4. — Poumons.

L'amplitude de la cavité thoracique entraîne un volume relativement considérable des poumons. Le poumon droit est presque d'un tiers plus volumineux que le poumon gauche, le cœur étant très fortement incliné vers la gauche (fig. 27).

Quant à la forme même de chacun des deux poumons, au nombre des lobes qu'ils présentent, les variations ne suivent aucun rapport avec les groupes naturels. Au contraire, elles semblent régies par la taille de l'animal, de sorte que le nombre des lobes et la profondeur des scissures qui les séparent sont d'autant plus grands que l'animal est lui-même plus grand. Dans une même famille on peut prévoir presque à coup sûr que deux espèces de même taille auront les poumons de forme semblable. Il n'en est pas toujours de même entre familles différentes et un *Taphozous* par exemple a les poumons beaucoup plus simples qu'un *Carollia* de dimensions à peu près égales.

MÉGACHIROPTÈRES. — Le maximum de complexité est présenté par les espèces de grande taille telles que le *Pteropus medius* (fig. 27). J'ai trouvé dans cette espèce, aussi bien que dans le *Pteropus rubricollis*, le poumon droit divisé constam-

ment en quatre lobes et le gauche en deux lobes comme
l'avait vu Daubenton (1) et non pas le droit en quatre et le
gauche en trois comme le veut Cuvier (2), ou bien encore le
droit en trois et le gauche en deux selon l'opinion de M. Owen (3).
Le poumon gauche est divisé par une scissure qui entame
profondément son bord antérieur en deux lobes, dont l'inférieur est de beaucoup le plus grand. Dans le poumon droit, au
contraire, on distingue quatre lobes. Une scissure peu profonde
intéressant le bord antérieur sépare le lobe supérieur du lobe
moyen. Celui-ci est séparé du lobe inférieur par une scissure
beaucoup plus profonde entamant la base du poumon. Enfin
un quatrième lobe, que j'appellerai lobe postérieur plutôt que
lobe impair comme le font quelques anatomistes, est séparé
du lobe inférieur, entre lequel et le cœur il est placé, par une
scissure à peu près parallèle à la face postérieure du poumon.
La veine cave inférieure le limite en dehors et à droite, en passant dans la partie externe de cette scissure. C'est de ce lobe
postérieur que Cuvier parle lorsqu'il dit que « les Mammifères
ont de plus que l'Homme un lobe accessoire appartenant au
poumon droit, qui s'écarte de ce poumon et se place en arrière
du cœur entre ce viscère et le diaphragme (4) ». Des encoches
secondaires peuvent subdiviser plus ou moins ces lobes et en
particulier les lobes supérieur et inférieur du poumon droit
(fig. 27).

Le bord antérieur des deux poumons est plus ou moins
concave, les lobes supérieurs s'avançant sur le devant de la
base du cœur et des gros vaisseaux qui en partent, tandis que
le lobe moyen du poumon droit et le lobe inférieur du poumon gauche s'étirent en forme de promontoire pour aller à la
rencontre l'un de l'autre en avant et au-dessous de la pointe
du cœur.

La même division des poumons se retrouve chez la plupart

(1) Daubenton in Buffon et Daubenton. *Hist. nat.*, X, p. 70, 1763.
(2) Cuvier. *Anat. comp.*, 2ᵉ éd., VII, p. 151.
(3) Owen. *Comp. anat. of Vertebrates*, III, p. 577, 1868.
(4) Cuvier. *Anat. comp.*, 2ᵉ éd., VII, p. 24.

des autres Mégachiroptères : *Cynonycteris amplexicaudata,
Hypsignathus monstrosus, Epomophorus comptus* ; dans le dernier, les scissures sont moins profondes et le lobe postérieur
n'est délimité que par le sillon de la veine cave. Chez l'*Eonycteris spelæa,* qui est de beaucoup plus petite taille, le poumon
gauche est absolument indivis et la scissure qui sépare le lobe
inférieur du lobe moyen du poumon droit tend à disparaître.

Phyllostomides. — Dans la famille des Phyllostomides, l'*Artibeus perspicillatus* et le *Phyllostoma hastatum* ont les poumons divisés respectivement en quatre et en deux lobes exactement comme les *Pteropus* ; le lobe postérieur est relativement
plus petit et de forme plus triangulaire.

Chez le *Desmodus rufus,* la scissure du poumon gauche est
beaucoup moins profonde et le lobe moyen du poumon droit
est à peine séparé du lobe supérieur. Chez le *Carollia brevicauda* et le *Macrotus Waterhousii,* le poumon gauche est absolument indivis, le poumon droit présentant encore ses quatre
lobes bien distincts. Enfin chez le *Glossophaga soricina,* la plus
petite espèce du groupe que j'aie étudiée, les différentes scissures du poumon droit existent encore, mais sont très peu
profondes.

Vespertilionides. — Chez les Vespertilionides, le poumon
gauche est toujours indivis. Le poumon droit possède ses
quatre lobes habituels chez le *Vesperugo serotinus,* le *Synotus
barbastellus* et le *Miniopterus Schreibersii.* Le lobe moyen n'est
pas séparé du lobe supérieur chez le *Vespertilio murinus,* le
V. mystacinus, le *Scotophilus Temminckii* et le *Plecotus auritus* ; encore la scissure qui sépare le lobe inférieur du lobe
moyen est-elle à peine indiquée dans cette dernière espèce.
Le lobe postérieur est partout le plus profondément délimité.

Emballonurides. — Parmi les Emballonurides les espèces
où les quatre lobes du poumon droit sont distincts sont le
Noctilio leporinus, le *Cheiromeles torquatus* et le *Molossus
obscurus* ; le lobe supérieur se confond avec le lobe moyen et
les lobes inférieur et postérieur ne sont que peu profondément
délimités chez le *Taphozous melanopogon.* Le lobe postérieur

est seul distinct chez le *Rhynchonycteris naso* et l'*Emballonura nigrescens*. Dans le genre *Saccopterix* cependant, on retrouve une scissure entre le lobe supérieur et le lobe moyen. Enfin chez les *Rhinopoma*, les deux poumons sont indivis.

Nyctérides. — Chez le Mégaderme, des scissures très profondes limitent encore le lobe postérieur et le lobe inférieur du poumon droit; les lobes moyen et supérieur ne sont pas séparés; une amorce de scissure indique même la division du poumon gauche en deux lobes.

Chez les *Nycteris*, au contraire, les deux poumons sont absolument indivis; à peine la veine cave creuse-t-elle dans le poumon droit un léger sillon pouvant indiquer le lobe postérieur.

Rhinolophides. — Il en est de même chez tous les représentants de la famille des Rhinolophides.

CONCLUSIONS

1° Le corps de l'hyoïde est médiocrement développé; les cornes inférieures s'articulent directement avec lui et sont courtes et fortes; les grandes cornes sont bi-articulées, très allongées et très grêles et se terminent par une extrémité aplatie et accolée à la bulle tympanique (De Blainville). Dans les genres *Hypsignathus* et *Epomophorus*, le deuxième article de la grande corne prend, au contraire, la forme d'un disque osseux plus ou moins excavé (Dobson).

2° Le larynx est formé par les cartilages ordinaires; des fibro-cartilages accessoires existent sur les côtés et au-dessus des cordes vocales supérieures chez les *Epomophorus* et *Hypsignathus* (Dobson). Les cartilages de Santorini se soudent en une seule pièce impaire chez l'*Hypsignathus*.

3° Il n'existe jamais de sacs laryngiens bien caractérisés, la membrane crico-thyroïdienne semble pouvoir en jouer le rôle dans certaines limites chez les Vespertilionides et les Molossiens.

4° Les mâles de l'*Hypsignathus monstrosus* et de certains

Epomophorus ont des sacs pharyngiens très vastes, ouverts dans l'isthme du gosier, qui font entièrement défaut chez la femelle (Dobson).

5° Chez les Rhinolophides et les *Nycteris*, le premier anneau de la trachée modifié constitue deux grosses ampoules cartilagineuses latérales ; une troisième ampoule est constituée chez les Rhinolophes et certains *Phyllorhina* par des anneaux plus inférieurs.

6° La disposition des anneaux de la trachée n'a rien de constant ni d'important à noter.

7° Chez les grandes espèces, le poumon gauche est divisé en deux lobes, le poumon droit en quatre lobes ; à mesure que la taille diminue, les scissures s'effacent, généralement dans l'ordre suivant : la scissure du poumon gauche, la scissure qui sépare le lobe supérieur du lobe moyen dans le poumon droit, celle qui sépare le lobe moyen du lobe inférieur ; enfin la scissure du lobe postérieur, qui reste toujours indiquée par le sillon de la veine cave inférieure.

III. — APPAREIL URINAIRE.

Les reins sont situés à la partie supérieure et dorsale de la cavité abdominale, quelquefois à peu près au même niveau, comme chez les *Cynonycteris*, les *Artibeus*, les *Nycteris* et les *Rhinolophus*. Cependant le rein droit est presque toujours un peu plus élevé que son congénère, souvent de la moitié de sa hauteur. Nous avons déjà vu, à propos de la description du foie, que le lobe latéral droit, ou le lobe caudé de ce viscère, était presque toujours creusé d'une fossette pour loger la partie supérieure du rein, tandis qu'une fossette analogue n'existait que rarement dans le lobe latéral gauche.

La forme des reins est assez variable. Chez la plupart des Mégachiroptères, ils sont d'ordinaire courts et gibbeux ; le bord interne est à peine creusé d'une dépression dans laquelle pénètrent l'uretère et les vaisseaux sanguins.

Ils sont plus allongés cependant chez l'*Eonycteris* et le *Harpyia*.

Dans le sous-ordre des Microchiroptères ils se rapprochent d'ordinaire davantage de la forme de haricot habituelle, le bord externe étant très convexe et le bord interne présentant une concavité régulière au fond de laquelle est le hile. Cependant ils sont quelquefois, comme chez les Mégadermes, étroits et allongés, presque cylindriques. Souvent leur bord interne est comprimé et presque tranchant.

Le rein est toujours simple, c'est-à-dire formé d'une seule pyramide médullaire plongeant dans le bassinet; le calyce unique qui enveloppe la pyramide, n'est lui-même rien autre chose que la paroi du bassinet réfléchie.

La situation du bassinet par rapport à la substance du rein est très variable. Quelquefois, chez tous les Mégachiroptères, la plupart des Phyllostomides, quelques Vespertilionides (*Miniopterus*), l'uretère sort du rein avec le diamètre qu'il conservera dans toute sa longueur.

Plus souvent le bassinet est en partie extra-rénal (*Rhinolophus, Megaderma, Vespertilio, Vesperugo serotinus, Carollia*). Souvent l'extrémité de cette pyramide fait même saillie au dehors du rein de façon à être visible à l'extérieur. On en aperçoit ainsi le sommet chez les *Phyllorhina*, les *Atalapha*, le *Nyctinomus plicatus* et le *Desmodus rufus*. D'autres fois, le bassinet, élargi et presque entièrement situé en dehors du rein, laisse voir à travers sa paroi la pyramide sous la forme d'un gros mamelon. C'est le cas du *Taphozous melanopogon* (fig. 28), du *Noctilio leporinus*, du *Cheiromeles torquatus*, des *Nycteris*. Enfin il est des cas où le bassinet, au lieu d'avoir la forme d'un pavillon court et élargi, est très étroit et extrêmement allongé en cornet; la pyramide devient alors très grêle et presque cylindrique, et se prolonge dans son intérieur jusqu'à une distance du hile qui chez l'*Emballonura nigrescens* (fig. 29), où cette disposition est portée à son plus haut degré, le cède à peine à la hauteur totale du rein. La même disposition se retrouve moins accentuée cependant chez les *Nyctinomus brasiliensis* et *acetabulosus*, le *Molossus obscurus*, le *Saccopterix plicata*, le *Rhynchonycteris naso* et même le *Vesperugo Kuhlii*.

Les uretères croisent les canaux déférents et vont s'ouvrir sur les côtés, et un peu en arrière du col de la vessie ou tout au moins de la partie terminale de ce réservoir. Jamais ils ne débouchent vers son milieu comme chez certains Rongeurs, encore moins à son sommet comme chez certains Cétacés.

La vessie elle-même est assez spacieuse; sa couche musculeuse est médiocrement développée.

CONCLUSIONS

1° Les reins sont toujours simples.

2° Le rein droit est d'ordinaire situé dans la cavité abdominale à un niveau un peu plus élevé que le gauche.

3° Le bassinet est tantôt entièrement caché dans la substance du rein et tantôt, au contraire, extérieur; la pyramide médullaire peut alors y faire saillie sur une longueur quelquefois assez considérable.

4° Les uretères débouchent toujours dans le col de la vessie.

IV. — APPAREIL GÉNITAL DU MALE.

La position des testicules varie suivant l'époque de l'année où l'on observe les Chiroptères. Au moment du rut, ils sont situés sous la peau et le muscle pubio-cutané qu'ils soulèvent de façon à former une sorte de scrotum provisoire plus ou moins saillant de chaque côté de l'anus (1). Plus tard, le canal inguinal étant largement ouvert, ils rentrent dans la cavité abdominale ou restent plus ou moins engagés dans l'anneau qui leur a livré passage. La migration ne se fait du reste pas simultanément pour l'un et l'autre testicule et il m'est souvent arrivé, tant chez les Roussettes que chez les Microchiroptères, de trouver l'un de ces organes entièrement sorti de l'abdomen tandis que de l'autre côté la partie inférieure de l'épididyme s'engageait à peine dans l'anneau inguinal. Au moment où la

____

(1) Cuvier. *Anat. comp.*, 2ᵉ éd., VIII, p. 102.

masse testiculaire franchit ce canal, la partie inférieure de l'épididyme se détache du testicule et s'étire pour s'y engager la première.

La masse du testicule et de l'épididyme réunis est enveloppée par une tunique vaginale épaisse et très résistante, dont le feuillet pariétal est réuni au feuillet viscéral par un frein qui suit d'ordinaire le bord convexe de l'épididyme et se porte sur le testicule seulement à la partie postérieure et inférieure, rarement à la partie supérieure (Phyllostomides).

Les vésicules séminales et la prostate présentent des variations considérables suivant les familles et aussi suivant les genres. La forme des vésicules séminales est la même dans les différentes espèces d'un même genre et souvent dans des genres voisins, mais ce n'est que dans des familles extrêmement homogènes comme celle des Phyllostomides ou celle des Ptéropodides qu'elle est constante. Dans les autres cas, leurs dispositions sont d'un plus grand intérêt peut-être encore en ce qu'elles mettent en lumière des affinités que la comparaison des caractères fournis par l'ensemble des autres organes montre être réelles et facilitent l'établissement de groupes naturels. Ainsi dans la famille des Emballonurides, le groupe qui comprend les Taphiens et les Emballonures est parfaitement naturel et s'allie très nettement avec les Molossiens dont les caractères extérieurs assez différents ne sont que l'expression d'une adaptation à un autre mode de vie ; il ne présente au contraire que des affinités assez lointaines avec les Noctilions et les Rhinopomes. De même dans la famille des Vespertilionides, la constitution des vésicules séminales montre des affinités considérables entre les Oreillards et les Barbastelles d'une part et les Minioptères de l'autre et me paraît devoir autoriser les naturalistes à rapprocher ces genres, comme le fait M. Peters, et à les placer dans le voisinage des *Vesperugo*, au lieu de séparer les Minioptères de tous les autres Vespertilionides à cause de la convexité de leur crâne et de la longueur proportionnelle de leur queue, comme le veut M. Dobson.

Les variations de la prostate sont au contraire sans rapports bien nets avec la classification naturelle et par conséquent de peu d'importance au point de vue taxonomique.

Les glandes de Cowper existent d'une manière constante ; dans un seul cas, chez le *Plecotus auritus*, elles sont au nombre de deux paires. Le pénis se termine par un gland de forme assez variable et dans l'épaisseur duquel existe souvent un os pénien. Souvent même, quand cet os semble faire défaut, on en retrouve des vestiges histologiques.

Il n'existe jamais de frein du prépuce.

MÉGACHIROPTÈRES. — Le testicule des Roussettes est arrondi, presque sphérique ou à peine aplati ; son volume subit de même que sa situation des variations notables et chez un *Cynonycteris amplexicaudata*, tué probablement à l'époque du rut ou peu après cette période (plusieurs femelles provenant de la même chasse étaient dans un état de gestation peu avancé), il était sensiblement supérieur à celui du rein.

L'albuginée est épaisse et chez les *Pteropus* contient un pigment noir, signalé par Leydig (1), qui colore le testicule et l'épididyme ; je n'ai retrouvé cette coloration dans aucun des autres genres que j'ai étudiés.

L'épididyme (fig. 30) est généralement énorme et contourne presque entièrement le testicule ; à la partie supérieure de celui-ci, il présente une tête renflée, puis s'amincit le long du bord externe, se renfle de nouveau au-dessous du testicule, se réfléchit enfin le long du bord interne et forme le canal déférent, qui, très flexueux d'abord, devient peu à peu rectiligne.

Les canaux déférents sont toujours assez courts, les testicules étant seulement situés des deux côtés de l'anus ; leur longueur est de 22 millimètres chez le *Pteropus medius*, de 14 millimètres chez le *Cynonycteris amplexicaudata*, de 11 millimètres chez le *Harpyia cephalotes* et seulement de 9 millimètres chez le *Cynopterus Jagorii*.

Ils débouchent chez les *Pteropus* aux angles antérieurs d'un organe compact, de forme quadrilatère, situé en arrière

______

(1) Leydig. *Zur anatomie der männlichen Geschlechtsorgane und analdrüsen der Saügethiere* (*Zeitschrift für wis. Zool.*, II, 1850, p. 5).

de la vessie et au-dessus de la prostate dont il est séparé par un sillon assez profond (fig. 33). De cet organe naissent en arrière et près de ses angles postérieurs deux tubes en cæcum, longs de près de deux centimètres, flexueux et renflés à leurs extrémités qui se recourbent en dehors en forme de crosse. Au-dessous de ces organes, la prostate forme autour de l'urèthre une ceinture glandulaire complète, renflée sur les côtés, étroite au contraire aux parties antérieure et postérieure. Son aspect glanduleux contraste avec l'apparence compacte des autres parties que je viens de décrire.

Leydig (1), qui a étudié avec soin ces organes déjà décrits par Cuvier (2), considère les deux cæcums comme des vésicules séminales et le corps quadrilatère comme un lobe antérieur de la prostate, tout en constatant la différence d'aspect qui existe entre eux. Les observations de l'illustre histologiste ont porté sur des pièces conservées dans l'alcool et il n'a pas pu en établir complètement la structure; il a seulement constaté que les parois étaient formées de muscles lisses et que la cavité glandulaire divisée en compartiments assez spacieux renfermait en abondance des spermatozoïdes et des corpuscules arrondis de nature indéterminée.

Au début de mes recherches, j'avais admis l'opinion de Leydig relativement à la nature prostatique du corps qui reçoit les canaux déférents et les tubes cæcaux; et ces organes, débouchant à la face postérieure de la prostate loin des canaux déférents, m'avaient paru avoir la signification d'un utérus mâle bien plutôt que celle de vésicules séminales. Leur ressemblance avec l'utérus mâle de certains Rongeurs était du reste frappante. L'observation du *Cynonycteris amplexicaudata*, chez lequel le prétendu lobe antérieur de la prostate est très réduit et n'est plus séparé du corps de la prostate par un sillon continu, me confirma dans cette opinion, et, dans une communication préalable (3), j'ai décrit comme utérus mâle les tubes cæcaux

(1) Leydig. *Loc. cit.*
(2) Cuvier. *Anat. comp.*, 2ᵉ éd., VIII, p. 162.
(3) ***Comptes rendus de l'Académie des sciences***, XC, 1880, p. 1369.

Mais l'observation d'espèces différentes m'a fait reconnaître une erreur dans cette interprétation et revenir à l'opinion de Cuvier pour lequel le corps quadrilatère, aussi bien que les tubes cæcaux, appartient aux vésicules séminales.

Chez le *Cynopterus Jagorii* en effet, la prostate n'entoure plus l'urèthre, mais forme seulement en avant et sur les côtés une sorte de demi-anneau (fig. 31 et 32), largement interrompu en arrière. Les tubes cæcaux, auxquels je rendrai désormais le nom de vésicules séminales, sont énormes, beaucoup plus développés et plus contournés que chez les *Pteropus*, et présentent un aspect nacré et une sorte de mosaïque dessinant les acini glandulaires dont ils sont constitués qui les différencie nettement de tous les organes voisins. Or, la structure est exactement la même dans le prétendu lobe antérieur de la prostate avec les côtés duquel les vésicules séminales se continuent largement. Cet organe n'est donc pas autre chose que le résultat de la coalescence des vésicules séminales à leur partie inférieure ; les canaux déférents débouchent comme à l'ordinaire dans son bord supérieur. L'étude histologique que j'ai faite postérieurement chez le *Pteropus* a du reste achevé de me démontrer que la structure est identique à celle des vésicules séminales et absolument différente de celle de la prostate.

Chez le *Harpyia cephalotes*, la disposition se rapproche de celle du *Cynonycteris amplexicaudata*, la partie coalescente des vésicules séminales est très réduite et mal délimitée de la prostate sur la ligne médiane ; les rapports du canal déférent avec les vésicules séminales sont plus apparents. Celles-ci, quoique beaucoup plus petites que dans les espèces précédentes et longues de 8 millimètres seulement, présentent la même disposition, leur extrémité très renflée se replie du côté interne. La prostate forme un anneau interrompu non pas en arrière comme chez le *Cynopterus*, mais en avant où ses extrémités se renflent eu deux gros lobes.

La portion spongieuse de l'urèthre commence immédiatement après la prostate par un renflement bulbaire, dans lequel viennent se déverser les produits de deux glandes de Cowper volumineuses et falciformes, nettement séparées de l'urèthre et présentant un canal long de plus d'un millimètre, qui se détache soit de leur angle inférieur, soit de leur région moyenne comme chez le *Harpyia*.

Le muscle bulbo-caverneux présente partout un développement extraordinaire et forme chez le *Cynonycteris amplexicaudata* par exemple, en arrière de l'urèthre, une saillie épaisse de 7 millimètres et longue de 10 à 12 millimètres ; son volume est à peine moindre chez le *Harpyia*, bien que l'animal soit deux fois plus petit. Sur les côtés s'insèrent les ischio-caverneux, divisés en deux faisceaux.

Le pénis se termine par un gland en général très long et cylindrique (1), dans lequel pénètre l'extrémité des corps caverneux. L'os du pénis occupe la partie supérieure du gland au-dessus du méat urinaire ; sa forme est extrêmement variable depuis celle d'une selle enveloppant tout le gland jusqu'à celle d'un stylet à peine visible.

Chez les *Cynopterus*, le gland présente à sa face inférieure une gouttière qui s'étend dans toute sa longueur et dans laquelle s'ouvre le méat urinaire. Chez le *C. Jagorii* même, la gouttière atteint la face supérieure en avant, de sorte que le gland est comme échancré à son extrémité.

Rhinolophides. — Chez les Rhinolophes, les testicules sont relativement petits, même au moment du rut ; leur volume varie du simple au double suivant qu'ils sont en activité ou non (2). La figure 34 les représente à l'époque du repos, c'est-à-dire au commencement de l'hiver.

L'épididyme, dont la figure montre les rapports avec le testicule, présente comme chez les Roussettes une tête qui coiffe le testicule, puis devient très grêle en longeant son bord

---

(1) Daubenton in Buffon et Daubenton. *Histoire naturelle générale et particulière avec la description du cabinet du roi*, X, p. 66, 1763.

(2) J'ai eu l'occasion de discuter ailleurs l'époque de l'activité génitale de ces Chiroptères et de montrer que, contrairement à ce qui a lieu chez la plupart des Chauves-Souris indigènes, c'est généralement au printemps que s'accouplent les Rhinolophes. (H. A. Robin. Sur l'époque de l'accouplement des Chauves-Souris. *Bulletin de la Société philomatique*, 7ᵉ série, IV, p. 88, 1881.)

externe, le dépasse notablement et se renfle au point où il se
réfléchit pour remonter dans la direction du canal déférent ;
ses deux branches sont séparées par une masse graisseuse qui
s'étend jusqu'au testicule. Le canal déférent, long d'environ un
centimètre, remonte par le canal inguinal, croise l'uretère et
va déboucher dans les vésicules séminales.

Celles-ci de même que dans l'espèce humaine comprennent
deux parties, l'ampoule de Henle et la vésicule séminale proprement dite qui, bien que remplissant les mêmes fonctions et
présentant la même structure histologique, sont très distinctes
à l'extérieur. La première est formée par un simple renflement
pyriforme de la partie terminale du canal déférent ; à l'état de
repos elle occupe un millimètre de la longueur de ce canal
(fig. 35) ; au moment de l'activité génitale au contraire, elle
s'étend bien au delà du point où il croise l'uretère. Du côté
interne elle s'accole à sa congénère, du côté externe elle se
continue avec la seconde portion qui représente la vésicule
séminale proprement dite de l'Homme et qui a l'aspect d'un
corps globuleux, ovoïde, légèrement allongé dans le sens transversal et subissant les mêmes variations de volume que la
première partie. Les vésicules séminales débouchent dans
l'urèthre par deux conduits éjaculateurs qui traversent la
prostate, dont la couleur gris rosé et l'aspect glanduleux con-
trastent avec la surface lisse et d'un blanc nacré des vésicules
séminales.

La prostate forme autour de l'urèthre une ceinture glanduleuse presque complète, interrompue seulement sur la ligne
médiane antérieure, où ses deux extrémités renflées arrivent
du reste en contact.

La portion membraneuse de l'urèthre paraît très courte et
peu après s'être dégagée de la prostate se renfle subitement
en une sorte de bulbe volumineux cordiforme qui va en s'a-
mincissant pour acquérir un diamètre à peu près constant
jusqu'au méat urinaire. On est porté à croire à première vue
que ce renflement n'est autre chose que le bulbe de l'urèthre
ou origine de la portion spongieuse, mais les variations de

volume considérables qu'il subit et qui correspondent à celles des vésicules séminales montrent qu'il n'en est pas ainsi. L'examen microscopique y fait en effet reconnaître une énorme glande entourant le canal de l'urèthre. Cette glande, à laquelle je propose de donner le nom de glande uréthrale, diffère par sa structure comme par sa situation de la prostate ; elle me paraît devoir être considérée morphologiquement comme représentant des glandes de Littre conglomérées et développées outre mesure ; elle est aux glandes de Littre ce que les glandes salivaires sont aux follicules buccaux.

La portion spongieuse non délimitée supérieurement est assez étroite et d'un diamètre à peu près constant. Elle reçoit à sa partie postérieure et au point où elle est recouverte par le muscle bulbo-caverneux les conduits des glandes de Cowper.

Ces glandes sont deux petits corps aplatis, lenticulaires, longuement pédiculés, qui sont situés sous la peau dans le périnée et sur les côtés de l'anus ; les muscles ischio-caverneux cachent la partie terminale de leurs conduits.

Le muscle bulbo-caverneux, saillant dans la région périnéale, est beaucoup moins développé que chez les Roussettes.

Le gland est cylindrique et creusé à sa face supérieure d'une gouttière longitudinale, sur le plancher de laquelle fait saillie l'extrémité de l'os pénien, extrémité ligamenteuse du reste, la base étant seule osseuse. Le méat urinaire est entièrement terminal et s'ouvre au-dessous de l'os pénien. Les bords de la gouttière sont formés par les corps caverneux.

Nyctérides. — Chez le *Megaderma spasma*, les proportions des diverses parties de l'appareil génital sont très différentes, ce qui produit un aspect extérieur tout autre. En effet, tandis que chez les Rhinolophes, même pendant la période du rut, les masses testiculaires font à peine saillir la peau, chez les Mégadermes à la même époque existe un énorme scrotum, situé en avant et sur les côtés de l'anus qu'il entoure presque complètement, et constitué par la saillie non seulement de deux gros testicules, mais aussi de deux glandes de Cowper d'un volume tout à fait insolite.

Les testicules en effet, bien que la taille du *Megaderma spasma* dépasse peu celle du *Rhinolophus ferrum-equinum*, sont plus de deux fois aussi volumineux ; ils constituent deux sphères régulières d'un diamètre de 5 millimètres. Leur volume considérable est dù à la grosseur des canalicules séminifères, qui sont très visibles à l'œil nu et dont le diamètre n'est pas de moins de deux dixièmes de millimètre. L'anse de l'épididyme est tout entière accolée à la face postérieure du testicule.

Les glandes accessoires, à l'exception des glandes de Cowper, sont moins développées que chez les Rhinolophes (fig. 38) ; les vésicules séminales sont réduites à leur première portion en continuité de direction avec le canal déférent ; la prostate, énorme et non interrompue en avant, entoure complètement l'urèthre ; la glande uréthrale paraît faire entièrement défaut et la portion musculeuse de l'urèthre est très raccourcie et s'engage sous le muscle bulbo-caverneux presque aussitôt après s'être dégagée de la prostate.

En ce point débouchent les canaux de deux énormes glandes de Cowper globuleuses, de forme cubo-sphérique, dont le volume n'est que d'un tiers plus faible que celui du testicule lui-même. Je ne sache pas que nulle part ailleurs on ait trouvé une telle importance à ces glandes. Leur développement énorme dans un genre voisin des Rhinolophes, mais où la glande uréthrale fait défaut, permet de croire qu'elles remplissent à peu près le même rôle physiologique et que ces deux glandes peuvent se suppléer l'une l'autre. L'identité de structure histologique est du reste presque absolue.

La gouttière du gland gagne la face supérieure à son extrémité de sorte qu'il présente comme deux lèvres verticales ; la saillie de l'os pénien est beaucoup plus considérable que chez les Rhinolophes.

Chez le *Nycteris Revoilii*, les testicules comme développement relatif sont intermédiaires aux Rhinolophes et aux Mégadermes, leur diamètre est de $2^{mm},5$; l'épididyme y adhère dans toute son étendue, descendant le long du bord externe pour remonter à la face postérieure.

Les canaux déférents débouchent aux deux angles d'un corps triangulaire ou cordiforme (fig. 36), qui n'est autre chose que le résultat de la coalescence des deux vésicules séminales ; à la face postérieure un léger sillon indique encore leur séparation primitive. Le col de cette vésicule séminale impaire s'ouvre dans l'urèthre au-dessous de la prostate.

La prostate forme autour de l'urèthre une ceinture largement interrompue en avant. La partie postérieure médiane est très amincie et située entre la vessie en avant et la vésicule séminale en arrière, de sorte que, pour la voir, il faut écarter l'un ou l'autre de ces organes. Les deux extrémités au contraire se renflent en deux gros lobes très écartés et situés sur les côtés de l'urèthre ; en avant (fig. 37) on les voit dans oute leur longueur, en arrière (fig. 36) on n'en voit que les deux tiers inférieurs, la vésicule séminale qui les déborde cachant la partie supérieure.

La portion membraneuse de l'urèthre est plus allongée que chez le Mégaderme. Les glandes de Cowper sont plus développées que chez les Rhinolophes, mais beaucoup moins que chez les Mégadermes. Le muscle bulbo-caverneux présente lui-même un allongement considérable qui se laissait voir déjà chez le Mégaderme, mais qui est beaucoup plus grand ici ; il semble avoir suppléé par la longueur à l'épaisseur qui lui fait défaut.

L'os pénien fait saillie en avant de l'extrémité du gland qui est ainsi effilé et presque pointu.

Vespertilionides. — Dans la famille des Vespertilionides, les glandes accessoires de l'appareil génital sont plus variables en apparence que dans les deux précédentes. Cependant, si l'on y regarde de près, on voit que les variations sont de moindre importance. Là il n'y a plus en effet de substitution d'organes, comme chez les Mégadermes et les Rhinolophes où la glande uréthrale et les glandes de Cowper se balancent et semblent se remplacer l'une l'autre. Ici la glande uréthrale n'existe jamais, les glandes de Cowper sont avec une seule exception de forme et de volume constants ; les variations ne portent par conséquent que sur les vésicules séminales et surtout sur la prostate qui est tantôt petite, tantôt plus développée, tantôt simple, tantôt au contraire divisée en plusieurs lobes distincts et entièrement séparés.

Je prendrai pour type le *Vespertilio murinus* parce que cette espèce, facile à se procurer, présente un degré de complication moyen aisé à rattacher aux types les plus simples et permettant de comprendre ceux qui sont plus complexes.

Dans cette espèce, les testicules sont de forme ovoïde, beaucoup plus allongés que ceux des Rhinolophes; l'épididyme, les dépassant de beaucoup inférieurement avant de se réfléchir sur lui-même, constitue un organe allongé, pyriforme, qui se loge sous la peau et pénètre dans l'épaisseur de la membrane interfémorale dont il soulève le feuillet inférieur. La masse du testicule et de l'épididyme dans son ensemble est enveloppée par une tunique vaginale remplie de pigment noir.

Un fait extrêmement curieux m'a frappé, dès le commencement de mes études, dans cette espèce et dans plusieurs autres représentants de la même famille et des deux familles suivantes : je veux parler de l'asymétrie que présentent les ligaments suspenseurs de la glande sexuelle. En effet, dans tous les cas, le ligament suspenseur droit, soit du testicule, soit de l'ovaire (ligament rond antérieur de Nitzch), va s'insérer sur le côté de la colonne vertébrale, au niveau de l'origine des piliers du diaphragme, en passant derrière le rein et la capsule surrénale du même côté (fig. 39). Son congénère du côté gauche, au contraire, passe constamment en avant du rein et s'insinue entre cet organe et la capsule surrénale. Le même fait se retrouve chez le *Vespertilio mystacinus*, l'*Atalapha noveboracensis*, les *Vesperugo serotinus* et *Kuhlii*, le *Synotus barbastellus*; je l'ai rencontré également chez les *Nyctinomus plicatus*, *acetabulosus* et *brasiliensis*, le *Noctilio leporinus* et le *Rhinopoma microphyllum* parmi les Emballonurides et chez un Phyllostomide, l'*Artibeus perspicillatus*. Cette disposition est-elle la trace d'une asymétrie primitive dans les glandes sexuelles? L'épithélium germinatif donne-t-il naissance au testicule ou à l'ovaire d'un côté en dedans, de l'autre côté en dehors du corps de Wolff? Je n'ai pas eu l'occasion d'examiner des embryons dans lesquels l'organe sexuel n'ait pas encore commencé sa migration et je ne puis par conséquent qu'émettre des hypothèses à cet égard.

Le canal déférent, long d'environ 18 millimètres, va déboucher dans la vésicule séminale assez près de son sommet, sans cependant se continuer directement avec une ampoule de Henle comme chez le Rhinolophe.

La vésicule séminale se divise en deux parties bien distinctes, inégales et situées l'une à la suite de l'autre. La première est un organe pyriforme, sur le côté duquel débouche le canal déférent ; sa petite extrémité se continue avec la seconde partie. Celle-ci, de moitié plus volumineuse que la précédente, a la forme d'un rein dont l'axe serait incliné de 45 degrés par rapport à l'urèthre et la grande courbure tournée en bas et en dehors. L'une des extrémités s'appuie sur sa congénère et débouche dans la partie postérieure et inférieure de la prostate ; la première partie se continue avec la seconde dans la région du hile.

La prostate forme autour de l'urèthre un anneau incomplet, dont les deux extrémités renflées arrivent presque en contact sur la ligne médiane antérieure, mais ne se rejoignent pas cependant. Vue par la face postérieure, elle présente l'aspect d'un bourrelet presque entièrement caché par les vésicules séminales qui sont situées sur un plan postérieur et débouchent à sa partie tout à fait inférieure, de sorte que les canaux éjaculateurs ne traversent qu'une épaisseur extrêmement faible de prostate pour s'ouvrir dans l'urèthre. La portion musculeuse de l'urèthre revêt une forme conique, due non pas à une glande uréthrale, mais à ce que la couche musculaire diminue peu à peu d'épaisseur pour cesser un peu au-dessus du point où débouchent les canaux des glandes de Cowper.

Celles-ci sont deux glandes très longuement pédiculées, de couleur jaunâtre, dont les canaux embrassent le rectum, de sorte que les deux glandes vont se placer derrière l'anus. Elles débouchent dans l'urèthre un peu en avant du bulbe.

Le bulbe, bien que peu volumineux ici comme partout, est assez visible. La portion spongieuse de l'urèthre est peu développée du reste, comme chez tous les autres Chiroptères. Les corps caverneux sont séparés par une cloison dans toute leur longueur et se terminent, comme l'a montré M. Ercolani (1), par un os pénien rudimentaire. M. Ercolani a également fait voir que le gland est constitué en grande partie, par deux organes érectiles distincts, embrassant les extrémités des corps caverneux, qui reçoivent le sang des artères sus-péniennes. Ces deux corps érectiles du gland se réunissent à la partie terminale sur la ligne médiane et antérieure.

Chez le *Vespertilio mystacinus*, la disposition est exactement la même : la première partie de la vésicule séminale est plus développée proportionnellement à la seconde et les glandes de Cowper sont relativement plus volumineuses et plus aplaties.

Chez le *Kerivoula Hardwickii*, la vésicule séminale n'est plus divisée en deux portions, mais d'une seule venue et de forme conoïde ; elle reçoit latéralement le canal déférent comme chez les Vespertilions. La prostate forme une ceinture complète et très large en avant de l'urèthre.

Le *Scotophilus Temminckii* présente une disposition beaucoup plus simple. L'épididyme est plus réduit et non étiré à sa partie inférieure ; il contourne simplement le testicule, à la surface duquel ses deux branches directe et réfléchie accolées s'appliquent étroitement. La vaginale est dépourvue de pigment.

Mais ce qui caractérise surtout cette espèce, c'est la simplicité de la vésicule séminale, qui n'est rien autre chose qu'une dilatation conique de la partie terminale du canal déférent sans aucun diverticulum latéral ; c'est une véritable ampoule de Henle existant seule. Son extrémité inférieure présente avec la prostate les mêmes rapports que chez les Vespertilions. La

---

(1) Ercolani. *Dei tessuti e degli organi erettili*, p. 20 (*Memorie dell'Academia delle scienze de Bologna, ser. 2, t. VIII*).

prostate est elle-même semblable à celle de ce genre. Les glandes de Cowper sont aplaties et presque sessiles.

Chez l'*Atalapha noveboraccnsis*, l'épididyme dépasse notablement le testicule sans cependant être étiré comme celui des *Vespertilio* ou des *Vesperugo* ; la tunique vaginale est chargée de pigment noir.

La vésicule séminale, de même que dans l'espèce précédente, est constituée par un élargissement de la partie terminale du canal déférent ; mais au moment de se terminer dans l'épaisseur de la prostate, elle porte à son bord interne un diverticulum plus volumineux que la première partie qui remonte derrière le col de la vessie à côté de son congénère et cache entièrement la prostate. Les vésicules séminales comprennent donc, de même que chez les *Rhinolophus*, une ampoule de Henle et une vésicule séminale proprement dite ; mais il y a cette différence fondamentale que chez les Rhinolophes, de même que chez l'Homme, la vésicule séminale est située en dehors de la partie terminale du canal déférent, tandis qu'ici elle est située du côté interne. Les glandes de Cowper sont pédiculées.

Le genre *Vesperugo* présente une disposition analogue, mais la partie de la vésicule séminale dans laquelle débouche le canal déférent ne semble plus en être la continuation (fig. 40). C'est latéralement que le canal s'y ouvre et elle se termine par une extrémité libre assez renflée ; sous ce rapport, la disposition rappelle celle du *Vespertilio*. En même temps, cette partie de la vésicule séminale a beaucoup plus d'importance que le diverticule interne qui, au contraire, l'emportait chez l'*Atalapha*. J'ai remarqué, chez le *V. serotinus* spécialement, une asymétrie notable entre les deux vésicules séminales, surtout pour le diverticulum interne.

Daubenton (1) a figuré d'une manière très exacte l'appareil génital mâle de la Noctule.

La prostate du *V. Kuhlii*, tout en gardant la même forme

(1) Buffon et Daubenton. *Histoire naturelle générale et particulière avec la description du cabinet du roi*, VIII, p. 140, pl. XXI, fig. 2 et 3, 1760.

que dans les types dont l'étude nous a occupés, tend à se diviser en lobules, les acini se séparant facilement les uns des autres.

L'Oreillard (*Plecotus auritus*) a les vésicules séminales constituées exactement comme le *Scotophilus Temminckii*, c'est-à-dire par des ampoules de Henle sans aucun appendice. La prostate forme autour de l'urèthre un anneau complet et non interrompu, que l'on peut, par la dissection, diviser en deux anneaux symétriques ; la glande est, du reste, assez compacte et ne se divise pas en lobules. La portion musculeuse de l'urèthre est extrêmement courte.

Enfin les glandes de Cowper présentent une disposition unique jusqu'à présent ; il en existe deux paires (fig. 43). Deux glandes présentent la forme habituelle et des dimensions normales pour la grandeur de l'animal ; leur canal est de longueur moyenne. Deux autres petites glandes aplaties, d'un volume à peu près égal à celui des premières, sont, au contraire, sessiles et accolées aux muscles du bulbe. Le pédicule des premières adhère à leur face supérieure, mais ne semble pas les traverser.

La prostate de la Barbastelle (*Synotus Barbastellus*) diffère notablement de celle du *Plecotus*. Interrompue sur la ligne médiane antérieure comme celle du plus grand nombre des Vespertilionides, elle est, en arrière et sur les côtés, divisée en deux étages (fig. 44) qui sembleraient former deux glandes distinctes s'ils ne se réunissaient en avant ; la partie inférieure se laisse quelquefois assez facilement diviser en lobules ; la figure montre une division de ce genre près de la ligne médiane.

Les vésicules séminales sont semblables à celles de l'Oreillard ; les glandes de Cowper sont simples et à pédicule assez court.

Enfin le *Miniopterus Schreibersii* présente une disposition de la prostate qui se rapproche peut-être de la précédente, mais qui est cependant unique dans la famille. En effet, partout ailleurs nous avons vu la prostate située au-dessus du point où débouchent les vésicules séminales. Dans le cas actuel, outre des lobes prostatiques occupant cette situation, il existe d'autres lobes situés au-dessous des vésicules séminales (fig. 42), de sorte que la prostate est multiple, suivant l'expression appliquée par J. Müller à des cas analogues. La partie de la prostate située au-dessous des vésicules séminales se divise en une multitude de lobules ou de culs-de-sac isolés, souvent ils se placent assez nettement, et c'est le cas de la figure, sur deux étages, jamais cependant aussi bien délimités que chez la Barbastelle. La partie inférieure aux vésicules séminales est beaucoup plus compacte. En avant, le tout est interrompu sur la ligne médiane, où les lobes inférieurs arrivent presque en contact; ils s'accolent également là aux lobes supérieurs.

Les glandes de Cowper sont très petites et possèdent des canaux d'une longueur inusitée. La glande ayant environ un tiers de millimètre de diamètre, le canal n'a pas moins de quatre millimètres, de sorte que l'organe, dans son ensemble, ressemble à une canne avec son pommeau.

Emballonurides. — La famille des Emballonurides, formée d'éléments assez disparates, montre dans la constitution de son appareil génital des variations considérables et en rapport avec les dissemblances qui séparent ses représentants en grou-pes naturels. Ainsi la forme des vésicules séminales est presque exactement la même chez les *Taphozous*, les *Rhynchonycteris*, les *Saccopterix* et les *Emballonura*. Elle diffère peu chez les Molossiens ou tout au moins dans le genre *Nyctinomus*, dont j'ai observé plusieurs espèces. Au contraire, les mêmes organes chez les Noctilions et chez les *Rhinopoma* sont construits sur deux types absolument différents. Dans les deux premiers groupes, la vésicule séminale comprend constamment une ampoule de Henle et une vésicule séminale proprement dite, plus importante et située du côté externe. Chez le Noctilion, les vésicules proprement dites sont situées du côté interne et entrent en coalescence. Chez le *Rhinopoma* enfin, les canaux déférents débouchent dans une vésicule séminale impaire et sans subdivisions.

Le *Taphozous melanopogon* nous servira de type pour le pre-

mier cas. Le testicule est ovoïde, l'axe transversal étant à peu
près égal aux deux tiers de l'axe longitudinal ; l'épididyme le
contourne de la manière habituelle. Les canaux déférents se
dilatent légèrement dans leur partie terminale, formant une
ampoule de Henle peu volumineuse et mal délimitée supérieurement; c'est seulement au point où elle pénètre dans la prostate que l'ampoule de Henle se réunit à la vésicule séminale
proprement dite, qui est elle-même un corps étroit, allongé et
falciforme, situé en dehors de la partie terminale du canal
déférent. Les deux vésicules sont par conséquent séparées par
les deux ampoules de Henle accolées entre elles, disposition
qui rappelle, avec des différences de forme notables, celle des
Rhinolophes et s'éloigne au contraire de celle des *Vesperugo*
où les vésicules séminales étaient du côté interne des ampoules
de Henle.

La prostate contourne obliquement l'urèthre, formant une
ceinture complète relevée en avant vers la vessie. La portion
membraneuse de l'urèthre est assez longue et très musculeuse.

Les glandes de Cowper sont réniformes et assez longuement
pédiculées.

Le gland est cylindrique et assez allongé, tronqué à son
extrémité où le méat urinaire s'ouvre comme un pore central.

L'ampoule de Henle est plus mal délimitée encore et indiquée par un accroissement peu accusé du diamètre du canal
déférent chez le *Saccopterix plicata;* la vésicule séminale est
plus élargie et pyriforme. La prostate se divise en deux masses
latérales largement séparées en avant, plus rapprochées et
presque en contact en arrière. Les glandes de Cowper, presque
sessiles, au lieu d'être situées des deux côtés du rectum, occupent l'angle trièdre formé par l'extrémité de la portion musculeuse de l'urèthre et l'origine des muscles ischio-caverneux et
bulbo-caverneux. Le pénis est gros et court, le gland cylindrique se termine par une sorte de couronne au delà de laquelle le pourtour du méat fait une légère saillie en bec de
flûte.

Chez le *Rhynchonycteris naso*, les testicules sont plus arrondis ; la vaginale est pigmentée dans la partie qui recouvre la queue de l'épididyme. L'ampoule de Henle fait entièrement défaut ; le canal déférent garde le même calibre jusqu'au point où il débouche à la base d'une vésicule séminale de même forme que celle du *Taphozous*, mais relativement plus développée et un peu plus élargie. La prostate dans le seul individu que j'ai observé était hypertrophiée et formait une masse divisée en ses culs-de-sac occupant presque tout le bassin ; elle entoure presque complètement l'urèthre. Les glandes de Cowper sont coniques et assez longuement pédiculées ; le muscle bulbo-caverneux plus allongé que dans les espèces précédentes ; le pénis plus grêle que chez le *Saccopterix*. Le gland court, et cylindrique, présente quelques papilles saillantes près de son extrémité, les bords du méat urinaire font une légère saillie débordant la surface terminale du gland.

La tunique vaginale qui enveloppe le testicule et l'épididyme de l'*Emballonura nigrescens*, est chargée de pigment noir. Dans cette espèce, les ampoules de Henle sont bien nettement délimitées : elles forment deux très petits corps sphériques situés à l'extrémité des canaux déférents, entre les bases des deux vésicules séminales proprement dites, très développées elles-mêmes et de forme globuleuse et presque circulaire. La prostate forme à l'urèthre une ceinture complète, notablement plus élargie en avant qu'en arrière. Les glandes de Cowper sont à peu près sphériques et leur canal médiocrement long. Le pénis est allongé et effilé, le gland participe à cette disposition et est presque filiforme.

Parmi les Molossiens, je n'ai étudié les organes mâles que dans trois espèces du genre *Nyctinomus*, les *N. brasiliensis*, *plicatus* et *acetabulosus*. Les ampoules de Henle sont allongées et coniques, mais assez larges et bien délimitées supérieurement, surtout dans les deux premières espèces ; les vésicules séminales proprement dites sont arrondies et d'un volume moindre par rapport à l'ampoule que chez les Taphiens. Chez le *N. plicatus*, elles se divisent en deux lobes dont l'inférieur entre en coalescence avec son congénère pour former un organe impair.

La prostate, large et volumineuse, est située seulement en avant et sur les côtés de l'urèthre. Les glandes de Cowper sont réniformes et pédiculées comme à l'ordinaire.

Le gland est gros et cylindrique, le méat urinaire s'ouvre à son extrémité et un peu en dessous sans faire saillie. Chez le *N. plicatus* et le *N. brasiliensis*, le prépuce se prolonge supérieurement en un petit processus triangulaire.

Chez le *Noctilio leporinus*, les testicules sont peu allongés et presque sphériques, l'épididyme large et bien développé.

Ce qui caractérise surtout ce type, c'est la disposition des vésicules séminales. Ces organes se divisent encore en ampoule de Henle et vésicule séminale proprement dite (fig. 44) ; mais la vésicule, au lieu d'être située en dehors de l'extrémité du canal déférent, est du côté interne comme chez les *Atalapha* et les *Vesperugo ;* elle ne s'applique pas simplement contre sa congénère comme dans ces genres, mais elle se confond avec elle en un corps quadrilatère impair, dont un sillon médian à peine accusé indique seul la duplicité primitive. Les ampoules de Henle sont très petites et débouchent vers le milieu des côtés de la vésicule séminale unique ainsi constituée.

La prostate est très développée et entoure complètement l'urèthre en arrière, elle est presque entièrement située au-dessous de la vésicule séminale ; une petite bande prostatique existe cependant au-dessus entre la vésicule et le col de la vessie urinaire.

Le gland est conique et creusé supérieurement d'une gouttière dans laquelle s'ouvre le méat urinaire, recouvert par un petit tubercule qui écarte en arrière les lèvres de la gouttière.

Le scrotum est permanent, bien que les testicules rentrent périodiquement dans la cavité abdominale ; les poches scrotales s'invaginent alors comme deux doigts de gants, formant sur les côtés et en arrière de l'anus deux cavités à bords irrégulièrement plissés.

Le *Rhinopoma* enfin constitue un troisième type dans lequel les vésicules séminales n'ont plus de subdivisions, mais sont représentées par un organe impair de forme carrée, aux angles supérieurs duquel débouchent les canaux déférents (fig. 45), disposition à peu près semblable à celle que nous avons rencontrée dans le genre *Nycteris*.

L'appareil génital ne présente, du reste, aucun autre caractère important à noter; la prostate forme autour de l'urèthre un anneau complet au-dessous de la vésicule séminale, dont il embrasse la partie terminale. Le gland est cylindrique et terminé par un plan, légèrement oblique d'avant en arrière, au milieu duquel s'ouvre le méat urinaire.

Phyllostomides. — Dans la famille des Phyllostomides, l'appareil génital mâle présente des caractères constants et spéciaux qui, comme ceux tirés de tous les autres grands appareils organiques, le tube digestif excepté, montrent l'extrême homogénéité de cette famille. Je dois dire cependant que je n'ai pas eu l'occasion d'observer les espèces à régime sanguivore.

Le caractère essentiellement propre à cette famille est la réduction des vésicules séminales à une ampoule de Henle entièrement ou presque entièrement cachée dans l'épaisseur de la prostate.

Chez le *Glossophaga soricina*, le testicule est relativement gros et de forme sensiblement sphérique. L'épididyme l'entoure sur les trois quarts externes de sa périphérie sans présenter le rétrécissement médian habituel, s'effilant seulement et devenant ondulé pour former le canal déférent. Celui-ci à sa terminaison se renfle fortement en deux ampoules de Henle sphériques, enfoncées dans deux fossettes creusées dans la partie postérieure de la prostate, de sorte que les deux tiers supérieurs de leur face postérieure sont seuls visibles.

La prostate est très volumineuse et forme à l'urèthre une ceinture assez largement interrompue en avant, mais non en arrière comme le pensait Pallas (1), pour lequel les fossettes

<hr>

1) Pallas. *Spicilegia zoologiæ, fascic.* III, p. 34, pl. IV.

dans lesquelles sont logées les vésicules séminales, seraient creusées dans le col de la vessie urinaire.

Le gland est allongé et aplati, le méat situé à la face supérieure.

Le testicule du *Carollia brevicauda* est plus allongé (fig. 46). L'épididyme ne lui constitue plus un capuchon, mais seulement une bande verticale, qui descend le long de son bord interne et se réfléchit parallèlement à elle-même avant de former le canal déférent. En même temps, le ligament suspenseur, au lieu d'aborder la masse du testicule et de l'épididyme à la partie supérieure, l'aborde vers le milieu de son bord interne, à l'endroit où le canal déférent s'en sépare.

Le canal déférent, très court, croise l'uretère et se perd dans la masse de la prostate dont il perfore la gaine résistante, de telle sorte que les vésicules séminales semblent, au premier abord, faire entièrement défaut; mais en disséquant la prostate, on reconnaît des ampoules de Henle, allongées et assez étroites, beaucoup moins renflées que chez le Glossophage, entièrement cachées dans l'épaisseur de cette glande. La prostate, énorme, comme dans l'espèce précédente, constitue autour de l'urèthre un anneau complet, mais beaucoup plus étroit en avant qu'en arrière.

La portion musculeuse de l'urèthre est très courte, les glandes de Cowper volumineuses et presque sessiles.

Le gland est conique et le méat urinaire, en forme de fente longitudinale, creusé à son extrémité et un peu en-dessous.

La disposition est la même chez le *Phyllostoma hastatum*. Le testicule est un peu arrondi; l'épididyme plus allongé; la prostate très rétrécie et légèrement interrompue en avant. La portion membraneuse de l'urèthre est plus allongée; les glandes de Cowper de même pyriformes et à pédicule assez court.

Le gland est gros et cylindrique; le méat urinaire absolument terminal.

Chez l'*Artibeus perspicillatus*, les testicules sont énormes et arrondis; l'épididyme situé entièrement du côté interne comme dans les deux genres précédents. La prostate, en anneau complet, est énorme en arrière de l'urèthre et englobe encore complètement les vésicules séminales. Les glandes de Cowper sont falciformes, à pédicule assez court et de même forme que chez le *Cynonycteris* (fig. 30). Le gland est un peu plus allongé que chez le *Phyllostoma hastatum*, mais de même forme générale.

J'ai étudié la structure histologique de l'appareil génital chez le *Rhinolophus hipposideros*, le *Vespertilio murinus* et le *Pteropus medius*; je prendrai pour type la première de ces trois espèces.

Le testicule est enveloppé d'une albuginée épaisse; les canaux séminifères, de calibre assez irrégulier, présentent un diamètre moyen d'environ 65 μ. Ils sont séparés par une trame conjonctive, au milieu de laquelle se rencontrent des cellules interstitielles abondantes, surtout dans le voisinage des vaisseaux sanguins, comme l'a signalé M. Tourneux (1) dans le mémoire qu'il a consacré à ces éléments, mais souvent aussi sans aucun rapport appréciable avec eux. Je n'insisterai pas davantage sur la structure histologique du testicule, me réservant, dans une publication postérieure, de suivre son évolution aux différentes époques de l'année et le développement des spermatozoïdes.

La structure de l'épithélium du canal de l'épididyme est très différente, suivant la partie de l'organe où on l'examine. Ce n'est, en effet, que dans la tête de l'épididyme, c'est-à-dire dans la partie adhérente au testicule, qu'il revêt l'aspect caractéristique décrit dans tous les traités d'histologie. Là, en effet, il est constitué par des cellules columnaires très étroites et très allongées (environ 14 μ), portant des cils vibratiles qui interceptent presque la lumière du canal; je n'ai jamais rencontré de spermatozoïdes dans cette partie de l'épididyme.

(1) Tourneux. Des cellules interstitielles du testicule (*Journ. de l'Anat. et de la Physiol.*, XV, p. 319, 1879).

Mais, peu à peu, les cellules de l'épithélium perdent leurs cils vibratiles, deviennent plus élargies et moins longues et passent enfin à un épithélium polyédrique, semblable à celui du canal déférent, mais moins épais (8 μ au lieu de 12 μ). Toute la portion de l'épididyme ainsi constituée, c'est-à-dire toute la partie située en arrière du testicule, est constamment gorgée de spermatozoïdes et semble jouer un rôle important comme réservoir spermatique.

Le canal déférent s'en dégage peu à peu et n'en diffère que par l'adjonction d'une épaisse tunique musculaire; l'épithélium augmente seulement un peu d'épaisseur.

Les vésicules séminales, et sous ce nom je comprends tout aussi bien l'ampoule de Henle que la vésicule séminale proprement dite, sont une dépendance du canal déférent qui, avant de pénétrer dans la prostate, se résout en une série de diverticules entre-croisés, plus spacieux vers la périphérie de l'organe, plus étroits vers le centre, parmi lesquels il est impossible de reconnaître un conduit particulier qui représente la continuation du canal déférent (fig. 61). Une trame conjonctive sépare ces diverticules les uns des autres, mais la tunique musculaire ne pénètre pas dans les interstices et forme seulement une enveloppe à l'organe entier.

L'épithélium (fig. 62) ne diffère pas de celui du canal déférent, il est formé de larges cellules prismatiques présentant de gros noyaux. Les limites des cellules se voient bien sur des préparations colorées par un long séjour dans l'acide osmique au centième. La figure 62, qui représente une pièce fixée par un séjour d'une demi-heure dans la solution d'acide osmique, conservée dans l'alcool à 90 degrés et colorée au carmin ammoniacal, ne les laisse pas voir. La prostate, dans l'épaisseur de laquelle débouchent les canaux éjaculateurs, présente une structure absolument caractéristique; ses acini sont tapissés d'un épithélium épais de 14 à 18 μ, formé de grosses cellules cylindriques à protoplasma hyalin, homogène avec un gros noyau vers la base. Une membrane basilaire extrêmement mince sépare seule les différents acini. En effet, contrairement à ce qui s'observe, non seulement chez l'Homme, mais chez les deux autres Chiroptères que j'ai étudiés sous ce point de vue, la prostate est fort peu musculeuse; la tunique de fibres lisses qui l'entoure est très réduite (17 μ), et n'envoie entre les lobes de la prostate que des cloisons musculaires extrêmement minces qui disparaissent bientôt après s'être un peu ramifiées. D'autres cloisons, aussi peu importantes, naissent du tissu conjonctif qui supporte la muqueuse de l'urèthre.

La glande uréthrale et les glandes de Cowper forment un autre groupe de glandes d'une structure très différente. La glande uréthrale est formée de tubes glandulaires accolés, ramifiés, qui vont se terminer, par plusieurs cæcums digités (fig. 63), à la périphérie sous la tunique musculaire. Ils sont tapissés d'un épithélium extrêmement caractéristique et dont je ne sache pas que l'analogue se retrouve dans aucun autre organe si ce n'est les glandes de Cowper. Cet épithélium est formé de longues cellules columnaires, généralement inclinées par rapport à l'axe du tube, qui en ferment complètement la lumière; leur longueur n'est pas moindre de 30 μ sur une largeur de 6 μ. Le noyau, assez petit, est situé à la base même de la cellule et entouré de protoplasma clair; tout le reste de la masse cellulaire est rempli de granulations qui se colorent en brun sous l'influence de l'acide osmique. Le peu de réfringence de ces granulations et leur indifférence pour le bleu de quinoléine ne me permettent pas cependant de les considérer comme graisseuses.

Les glandes de Cowper ont la même structure, leurs acini sont seulement beaucoup plus larges et présentent une lumière largement ouverte. Les cellules épithéliales n'ont que 18 μ de longueur.

L'urèthre ne présente aucune particularité importante à noter; son épithélium pavimenteux stratifié a une épaisseur de 30 μ, la couche de Malpighi en est très développée. L'os pénien possède d'abondants ostéoplastes, son petit diamètre exclut l'existence de canalicules de Havers.

Chez le *Vespertilio murinus*, la structure générale est la

même, mais avec des différences assez notables. Les vésicules séminales sont plus compactes, leurs acini étant à la fois plus étroits et tapissés d'un épithélium plus épais. De même que chez les Rhinolophes, les culs-de-sac périphériques sont toujours les plus vastes, et c'est surtout dans leur intérieur que l'on trouve des spermatozoïdes. Dans la seconde portion des vésicules, l'intrication des diverticules est beaucoup moins grande, ils se dirigent presque parallèlement en augmentant de diamètre du bord externe vers le bord interne de l'organe. L'épithélium est notablement plus épais que chez les Rhinolophes et à cellules un peu étroites (épaisseur 18 μ, diamètre 5 μ), les cellules sont plus minces et plus larges vers l'extrémité périphérique des culs-de-sac; les contours cellulaires se voient beaucoup plus nettement que chez le Rhinolophe. Les organes ont été étudiés dans l'un et l'autre cas au moment de leur activité fonctionnelle; cependant les vésicules séminales du Rhinolophe ne contenaient pas de spermatozoïdes (il y en avait dans les canaux de l'épididyme), tandis que celles du Murin en renfermaient. La tunique de fibres lisses qui enveloppe les vésicules envoie quelques prolongements musculeux entre les acini.

Les cellules des culs-de-sac prostatiques sont aussi plus longues et plus cylindriques que chez le Rhinolophe, très différentes des cellules pavimenteuses des canaux; mais ce qui différencie surtout la prostate du Murin de celle du Rhinolophe, c'est l'abondance des muscles lisses au milieu desquels les acini glandulaires sont plongés comme dans un stroma.

L'urèthre est tapissé par un épithélium relativement très mince, formé seulement par deux ou trois rangs de cellules. Il existe des glandes de Littre abondantes, à cellules glandulaires claires analogues à celles de la prostate, quoique moins allongées, très différentes par conséquent de celles de la glande uréthrale des Rhinolophes. Si donc la glande uréthrale représente, comme je l'ai dit plus haut, au point de vue morphologique, des glandes de Littre conglomérées, elle n'en a pas le rôle physiologique.

Les glandes de Cowper sont à longues cellules granuleuses, comme chez le Rhinolophe.

Chez le *Pteropus medius*, les vésicules séminales sont encore formées de diverticules du canal déférent intriqués, d'où la structure caverneuse indiquée par Cuvier (1); mais ses diverticules sont séparés par des couches très épaisses de tissu conjonctif. Les acini de la prostate sont également isolés et plongés dans une masse de tissu conjonctif et de fibres musculaires puissantes. Les glandes génitales n'avaient pas acquis leur complet développement dans les individus captifs dont j'ai pu faire des préparations, et l'épithélium de la prostate, qui ne semblait pas avoir sa constitution définitive, était formé de très petites cellules analogues à celles des vésicules séminales et des glandes de Littre.

CONCLUSIONS

1° Les testicules de forme ovoïde ou arrondie sont sujets à des migrations périodiques de la cavité abdominale dans un scrotum provisoire situé sur les côtés et en arrière de l'anus (Cuvier).

2° L'épididyme contourne d'ordinaire presque entièrement le testicule; quelquefois, comme chez certains Phyllostomides, il est entièrement situé du côté interne de cet organe.

3° Les glandes accessoires comprennent toujours des vésicules séminales, une prostate et des glandes de Cowper (Cuvier), jamais d'utérus mâle.

4° Les vésicules séminales subissent des variations notables correspondant soit aux familles, soit à des groupes naturels de moindre importance. Elles comprennent souvent deux parties, une ampoule de Henle et une vésicule séminale proprement dite située d'ordinaire du côté externe, quelquefois du côté interne (*Vesperugo*, *Noctilio*) de la première. L'ampoule de Henle peut exister seule (Phyllostomides, certains Vespertilionides), rarement elle fait entièrement défaut. Les vésicules

______
(1) Cuvier. *Anat. comp.*, 2ᵉ éd., VIII, p. 162.

séminales sont représentées par un organe impair et médian chez les *Rhinopoma* et les *Nycteris*.

5° La prostate présente dans ses rapports avec les vésicules séminales et avec l'urèthre des variations assez considérables, mais qui semblent de peu d'importance.

6° Les glandes de Cowper sont au nombre de deux paires dans un seul cas, chez le *Plecotus auritus*.

7° Il existe dans le genre Rhinolophe une glande spéciale, la glande uréthrale, qui semble représenter morphologiquement des glandes de Littre conglomérées et qui présente une structure histologique analogue à celle des glandes de Cowper et joue probablement le même rôle physiologique.

V. — APPAREIL GÉNITAL DE LA FEMELLE

Les ovaires des Chiroptères sont arrondis ou ovoïdes, couchés sur le ligament large auquel ils adhèrent par un hile généralement assez étroit, et enveloppés par une capsule péritonéale incomplètement close, due à un dédoublement du ligament large. Cette disposition, très exactement décrite par Emmert et Burgaetzy (1) et citée par Stannius (2), a été étudiée tout récemment par M. Mac-Leod (3), chez la Pipistrelle, et par M. Ed. Van Beneden (4) chez le *Vespertilio murinus* et le *Rhinolophus ferrum-equinum*. D'après ces deux anatomistes, la capsule serait complètement close et sa cavité ne communiquerait nulle part avec le péritoine. L'ovaire posséderait par conséquent, pour M. Van Beneden, une séreuse propre, indé-

(1) Emmert und Burgaetzy. Beobachtungen ueber einige schwangere Fledermause und thre Eihüllen (*Meckel's Deutsches Archiv für Physiol.*, IV. 1818, p. 1.

(2) Siebold et Stannius. *Manuel d'anat. comp.* Traduction franç., II, p. 501, 1850.

(3) Mac-Leod. Contributions à l'étude de la structure de l'ovaire des Mammifères (*Archives de Biologie*, I, p. 241, 1880).

(4) Ed. Van Beneden. Contributions à la connaissance de l'ovaire des Mammifères (*Arch. Biol.*, I, p. 481, 1880).

pendante de la séreuse péritonéale et plus ou moins comparable à la vaginale du testicule.

Mes observations, au contraire, confirment la description d'Emmert et Burgaetzy. J'ai toujours trouvé la capsule ovarique bien développée, formant autour de l'ovaire une poche spacieuse adhérente à l'utérus par un de ses pôles, de sorte que l'oviducte tout entier est compris dans sa paroi et rampe entre ses deux feuillets, décrivant une courbe complexe et de forme assez variable pour revenir vers son point de départ près duquel s'ouvre le pavillon de la trompe. En ce point, dans toutes les espèces que j'ai étudiées, sauf une, et en particulier chez le *Vespertilio murinus*, déjà cité par Emmert et Burgaetzy, et chez le *Rhinolophus ferrum-equinum*, j'ai invariablement trouvé la paroi de la capsule interrompue et séparée de l'utérus par une fente plus ou moins allongée, entr'ouverte à l'état de repos, mais que le muscle propre de l'ovaire, décrit par M. Van Beneden, doit fermer au moment de la rupture du follicule de Graaf. C'est dans la paroi même de cette boutonnière que s'ouvre le pavillon de l'oviducte.

Je n'ai pas eu l'occasion de rechercher cette boutonnière chez le *Vesperugo pipistrellus* étudié par M. Mac-Leod, mais dans une espèce voisine, le *V. Kuhlii*, il m'a été impossible de le trouver. J'hésite cependant à croire qu'il fasse totalement défaut ; la petitesse qu'il présente dans certaines espèces et la difficulté que j'ai quelquefois rencontrée à le bien voir (chez le *Noctilio*, le *Carollia*, certains *Nyctinomus*, par exemple) expliqueraient parfaitement qu'il m'eût échappé.

La capsule ovarique se développe assez tardivement chez l'embryon et, au moment de la naissance, elle est beaucoup plus largement ouverte que chez l'adulte. M. Born a montré qu'il en était de même chez le Cheval où il existe une capsule ovarique beaucoup moins complète (1).

L'utérus est extrêmement variable et présente pour ainsi

(1) Born. (*Arch. für Anat. un Physiol.* de Reichert et Dubois-Reymond, 1874).

dire toutes les formes qu'il peut revêtir chez les Mammifères.
Tantôt il est simple et dépourvu de cornes, comparable en un
mot à l'utérus de la femme, tantôt comme chez certaines
Roussettes et même dans un cas chez les Microchiroptères, il
existe deux utérus entièrement distincts.

De cette variabilité de forme dans un ordre aussi parfaitement homogène que celui des Chiroptères, et nous le verrons,
dans certaines familles de cet ordre, il me semble résulter que
le caractère tiré du degré de coalescence des canaux de Müller
qui forment tantôt deux utérus distincts, tantôt un utérus
simple plus ou moins profondément divisé en deux cornes,
comme indice du degré de perfectionnement organique n'a
peut-être pas la valeur qui lui a été attribuée. Il est vrai que
jusqu'à ces derniers temps, on n'avait rencontré l'utérus
double que chez les Marsupiaux et parmi les Mammifères placentaires quelques Rongeurs et quelques Édentés. Mais tout
récemment, depuis même que j'ai fait connaître dans une
communication préalable une disposition analogue chez les
Roussettes du genre *Cynonycteris*, M. Watson (1) a montré que
chez l'Éléphant des Indes, il existe non seulement deux utérus,
mais encore deux vagins distincts et ouverts séparément dans
le sinus uro-génital au moins jusqu'à la première parturition.
Or l'Éléphant occupe incontestablement un rang assez élevé
dans l'échelle des Mammifères. D'un autre côté, que l'on
compare la disposition présentée par le *Bradypus* à celle de
l'Oryctérope et l'on verra combien peut être différente la
forme de l'utérus chez des animaux incontestablement très
dégradés l'un et l'autre, sinon voisins.

MÉGACHIROPTÈRES. — C'est presque uniquement chez des représentants du sous-ordre des Mégachiroptères que j'ai trouvé
l'utérus double. J'ai rencontré cette disposition chez le *Cynonycteris amplexicaudata*, l'*Hypsignathus monstrosus* et l'*Epomophorus comptus*. Dans toutes les autres espèces que j'ai dissé-

(1) Watson. Anatomy of the female organs of the Proboscidea (*Trans. zool.
soc.*, XI, p. 111, 1881).

quées, la partie commune, le corps de l'utérus, est extrêmement courte, presque nulle proportionnellement aux cornes, mais il n'existe qu'un seul orifice utéro-vaginal.

Chez le *Cynonycteris amplexicaudata* dont j'ai observé deux exemplaires en état de gestation fort peu avancé (fig. 47), la capsule ovarique est très spacieuse, l'utérus se termine par une extrémité taillée abruptement et presque à angle droit, dont l'angle externe donne naissance à un oviducte court et étroit qui décrit dans la paroi de la capsule une courbe en forme d'S et revient vers l'angle interne pour s'ouvrir par un pavillon à peine frangé dans l'épaisseur de la lèvre de la boutonnière qui fait communiquer la cavité de la capsule ovarique avec la cavité abdominale.

Les deux utérus entièrement distincts sont tubulaires, longs d'environ un centimètre et non renflés à l'état de vacuité. Ils s'ouvrent par deux orifices séparés à la surface d'un museau de tanche unique, volumineux, hémisphérique, occupant toute la partie terminale et postérieure du vagin.

Celui-ci, long de 14 millimètres, très large, se renfle à son extrémité pour contenir l'énorme museau de tanche de telle sorte que, vu à l'extérieur, il semble être un corps d'utérus en continuité directe avec le vagin, comme chez le Tatou. La muqueuse vaginale est lisse ou plissée longitudinalement.

La vulve est transversale et très large, le clitoris nul ; le méat urinaire fait presque saillie en dehors de la vulve.

Chez l'*Hypsignatus monstrosus*, les deux utérus, larges de 1^{mm},5 et longs de 12 millimètres, sont accolés sur une longueur de 4 millimètres. Ils s'ouvrent dans le vagin par deux orifices distincts quoique très rapprochés. Le museau de tanche n'existe pas à proprement parler ; il est remplacé par une série de laciniations aplaties qui entourent les deux orifices utérins et les séparent l'un de l'autre. Le clitoris est saillant, long de 2 millimètres et creusé d'une gouttière à sa face inférieure.

La disposition est semblable chez l'*Epomophorus comptus*, les utérus séparés sur une longueur de 9 millimètres sont adhérents dans leurs 3 millimètres terminaux et semblent

ainsi extérieurement former une partie commune. Les laciniations qui remplacent le museau de tanche sont surtout développées en avant des orifices utéro-vaginaux où elles forment
une sorte de tablier.

L'ovaire, la capsule ovarique et l'oviducte présentent exactement le même agencement dans les autres espèces que j'ai
étudiées, c'est-à-dire chez le *Pteropus medius*, le *Pt. rubricollis* et l'*Eonycteris spelæa* ; les franges du pavillon de l'oviducte
sont cependant un peu plus développées. Mais l'utérus n'est
pas entièrement double.

Chez le *Pteropus rubricollis* par exemple, considéré à l'extérieur, l'utérus ressemble beaucoup à celui de l'*Epomophorus*
et semble présenter un corps long de 5 millimètres et deux
cornes de longueur à peu près égale à celle du corps, généralement l'une plus longue que l'autre. Le corps de l'utérus se
continue directement avec le vagin, dont on ne le distingue que
par un diamètre un peu moindre. Mais, en ouvrant l'utérus, on
constate que le prétendu corps est divisé en deux cavités par
une cloison médiane qui s'étend jusqu'à 1 ou 2 millimètres du
col utérin. Celui-ci est unique et s'ouvre dans le vagin à la
partie postérieure d'un museau de tanche aplati et peu saillant. La muqueuse du vagin est légèrement plissée longitudinalement, le clitoris gros et saillant, pourvu d'un prépuce très
net et masquant le méat urinaire.

Chez l'*Eonycteris spelæa*, les deux cornes utérines, longues de
12 millimètres, sont accolées sur la moitié de leur longueur. Le
museau de tanche est hémisphérique et ressemble à celui du
Cynonycteris, mais il est plus réduit ; l'orifice unique de l'utérus a la forme d'un Y renversé. Le clitoris est représenté par
une papille très peu saillante.

Je n'ai pas eu l'occasion d'observer une femelle de *Harpyia*. La
description de Pallas (1) est très brève et peu précise, il semble
en résulter que l'utérus est double ; il parle en effet de l'orifice
de la corne droite dans le vagin comme si cet orifice était spé-

____
(1) Pallas. *Spicilegia zoologiæ*, fascic. III, p. 19.

cial à la corne en état de gestation dans l'exemplaire qu'il a disséqué et sans faire remarquer sur la corne gauche autre chose que son peu de développement relatif.

MICROCHIROPTÈRES. — *Emballonurides*. — Les Emballonurides ont également tous l'utérus profondément bicorne et une espèce de cette famille m'a encore présenté deux utérus distincts, mais accolés sur une partie de leur longueur comme chez l'*Hypsignathus* ou l'*Epomophorus*. C'est le *Taphozous melanopogon*. L'utérus extérieurement ressemble beaucoup à celui de l'une de ces Roussettes et a encore la forme d'un Y dont la tige est à peine plus large que les branches. La limite qui le sépare du vagin est indiquée, non par une différence de diamètre, mais seulement par la minceur et conséquemment le peu de coloration des parois du vagin comparées à celles de l'utérus. En ouvrant la partie qui semble être le corps de l'utérus, on voit qu'une cloison longitudinale la sépare dans toute sa longueur en deux tubes, en continuation avec la cavité des cornes, qui s'ouvrent à côté l'un de l'autre, formant une sorte de fente transversale à l'extrémité d'un museau de tanche conique et très saillant. Dans quelques exemplaires, l'orifice semblait être unique, la cloison disparaissant à la base du museau de tanche.

La muqueuse de l'utérus est lisse et comme spongieuse, celle du vagin est au contraire plissée longitudinalement, cacactère général chez tous les Microchiroptères du reste.

L'ovaire est allongé et comprimé longitudinalement, revêtant la forme d'un haricot attaché par son hile au ligament large. Il remplit à peu près la moitié de la capacité de la capsule ovarique. Celle-ci a la forme d'un capuchon rattaché au sommet de la corne utérine par la moitié externe de sa base. La boutonnière ou plutôt le pore par lequel elle s'ouvre est immédiatement adjacent à l'utérus et débordé par l'angle interne de la base du capuchon. L'oviducte contourne la poche, la sous-tend pour ainsi dire et vient s'ouvrir par un pavillon non frangé près de la boutonnière.

Les glandes de Bartholin sont aplaties, petites et assez longuement pédiculées, occupant immédiatement au-dessus du sphincter anal la même situation que leurs homologues, les glandes de Cowper du mâle.

La vulve est étroite et transversale, le clitoris peu saillant.

L'aspect extérieur de l'utérus est le même chez le *Rhynchonycteris naso*, le *Saccopterix plicata* et l'*Emballonura nigrescens*, mais la partie impaire de l'utérus est un corps d'utérus véritable et ne présente aucune trace de cloison médiane. Ce corps de l'utérus est du reste notablement plus court que les cornes, surtout dans la première espèce ; le museau de tanche est très saillant chez le *Saccopterix*. L'ovaire de cette espèce est plus comprimé et plus aplati et remplit presque complètement la capsule ovarique dont le pore est très étroit. L'ovaire est sphérique chez l'*Emballonura*.

Dans le genre *Nyctinomus*, le degré de coalescence des deux utérus est très variable avec les espèces, la forme extérieure est la même que chez les Emballonurides que nous venons de passer en revue, mais tandis que le corps de l'utérus est absolument simple chez les *N. brasiliensis* et *acetabulosus*, il est divisé par une cloison médiane dans les deux tiers de sa longueur chez le *N. plicatus*. Peut-être cette différence est-elle due à l'état de l'animal ayant déjà porté ou non ; il m'est impossible de me prononcer à cet égard. En tout cas, les individus des trois espèces que j'ai étudiés comparativement étaient complètement adultes. La différence entre les deux formes est comparable à celle entre les exemplaires d'Éléphant femelle observés par Perrault (1) et par M. Forbes (2) d'une part, par M. Watson (3) de l'autre.

L'orifice de la capsule ovarique, bien visible dans les deux espèces à utérus simple, est extrêmement réduit et assez difficile à trouver chez le *N. plicatus*. L e museau de t ah est presque nul, les glandes de Bartholin très réduites.

---

(1) Perrault. *Mémoires pour servir à l'Histoire naturelle des animaux*, III. 3ᵉ part., p. 132.

(2) Forbes. *Proc. zool. Soc.* 1879, p. 431.

(3) Watson. *Loc. cit.*

Les deux exemplaires de *Molossus obscurus* et de *Cheiromeles torquatus* que j'ai disséqués étaient l'un et l'autre à l'état de gestation. Dans le premier cas, le fœtus occupait l'utérus tout entier dont les cornes avaient entièrement disparu ; dans le second au contraire, bien que la gestation fût plus avancée, l'une des cornes restait vide.

Le museau de tanche manque chez le *Molossus*, il revêt chez le *Cheiromeles* une forme absolument insolite : le fond du vagin est occupé par deux grosses plaques latérales très saillantes, longues de 6 millimètres, larges de 3, dont la surface libre est hérissée de papilles contrastant avec l'aspect lisse et les gros plis de la muqueuse vaginale. Ces deux tubercules s'appuient l'un contre l'autre et ferment l'orifice du col de l'utérus qui est situé tout au fond du vagin à leur angle antérieur. Nulle part ailleurs, je n'ai rencontré une forme analogue du museau de tanche.

La capsule ovarique du *Cheiromeles* est très spacieuse et sa cavité est au moins trois fois égale au volume de l'ovaire. L'oviducte, au lieu de la contourner entièrement comme un grand cercle, décrit quelques sinuosités sans s'écarter beaucoup de son point de départ près duquel il revient s'ouvrir par un pavillon bilabié sur le bord d'une boutonnière assez large. Les glandes de Bartholin sont très longuement pédiculées et assez grosses comparativement à ce qu'elles sont chez les Nyctinomes.

L'appareil génital de la femelle du *Noctilio* est d'aspect très différent de celui des autres Emballonurides ; le corps et les cornes de l'utérus sont encore de longueur presque égale, mais au lieu d'être étroits et étirés en Y, ils sont extrêmement élargis et raccourcis de façon que l'organe entier a une forme presque carrée (fig. 52).

En même temps, ce qui contribue à lui donner une physionomie propre, les capsules ovariques, au lieu d'être largement adhérentes à l'utérus comme chez tous les autres Chiroptères, sont pédiculées et n'y sont reliées que par l'origine des oviductes. Il semble que la capsule détachée de l'utérus par toute sa base ait été rejetée en dehors en tournant autour de l'origine de l'oviducte, c'est-à-dire de l'angle externe du sommet de la corne utérine. La boutonnière, qui est d'ordinaire voisine de l'angle interne, se trouve ainsi portée presque au pôle antérieur du capuchon. Elle est du reste très petite, le ligament suspenseur la cache dans la figure, mais une soie qui y est introduite indique sa direction. L'ovaire est arrondi, assez volumineux et remplit presque entièrement la capsule.

Le clitoris prend un développement énorme et, entraînant l'extrémité des grandes lèvres, constitue en avant de la fente vulvaire transversale une saillie en forme de languette triangulaire longue de près de 1 centimètre ; le clitoris lui-même se termine par une extrémité laciniée à 2 millimètres environ de la pointe de la languette ainsi constituée.

Rhinolophides. — Les Rhinolophides ont les organes femelles disposés exactement comme les Emballonurides ordinaires.

L'ovaire des Rhinolophes est ovoïde, presque sphérique, un peu comprimé ; chez le *Rh. ferrum-equinum*, son grand diamètre dépasse à peine 1 millimètre. La capsule ovarique, de forme à peu près sphérique, est beaucoup plus volumineuse que l'ovaire, qui occupe à peine la moitié de sa capacité chez le *Rh. ferrum-equinum* où elle est le plus réduite. Elle s'appuie sur le sommet de la corne utérine et s'ouvre à son angle interne par une boutonnière assez étroite chez le *Rh. ferrum-equinum*, beaucoup plus large chez le *Rh. hipposideros* où il suffit d'exercer une légère traction sur le sommet du capuchon formé par la capsule pour faire sortir l'ovaire de sa cavité sans déterminer aucune rupture. L'oviducte décrit dans la paroi de la capsule une courbe sinueuse qui peut se ramener à trois quarts de cercle ; le pavillon s'ouvre au bord interne de la boutonnière qui semble se fermer au moment de l'ovulation, de sorte que le même mécanisme amène l'occlusion de la cavité de la capsule ovarique et l'extension du pavillon de l'oviducte.

Le corps de l'utérus est absolument simple et sensiblement égal en longueur aux cornes chez le *Rh. ferrum-equinum*, un peu plus court chez le *Rh. hipposideros*. Le museau de tanche est conique et peu saillant.

Le méat urinaire est situé très près de l'extrémité du vagin.

Au contraire, dans le genre *Phyllorhina*, l'urèthre débouche plus en arrière, et il existe un vestibule uro-génital assez allongé. Extérieurement l'accolement de l'urèthre au vagin est si intime que l'on croirait qu'il débouche au fond de cet organe. Le museau de tanche est cylindrique et saillant en avant, rattaché en arrière à la paroi du vagin; l'orifice utérin a la forme d'une fente linéaire.

L'unique exemplaire que j'ai observé était dans un état de gestation très peu avancé; l'utérus présentait la forme d'un T à branches inégalement développées; le fœtus occupait la corne droite hypertrophiée et dirigée transversalement, qui avec sa congénère vide représentait la barre transversale du T; le corps, plus allongé que la corne vide, commençait à s'hypertrophier. La disposition des ovaires et des capsules ovariques est la même que chez les Rhinolophes; la boutonnière de la capsule est assez large.

Nyctérides. — Les organes génitaux des femelles de Nyctérides diffèrent considérablement suivant qu'on s'adresse à un *Mégaderme* ou à un *Nycteris*. Dans le premier cas (fig. 50), l'utérus est très allongé et le corps assez important quoique moins long que les cornes; dans le second (fig. 49), le corps est large et très court, les deux cornes pyriformes et renflées. Le vagin lui-même participe à ces variations et est beaucoup plus large et plus court chez le *Nycteris* que chez le Mégaderme.

Chez le *Nycteris*, l'oviducte décrit une courbe simple et située dans un même plan, il présente un aspect godronné dont j'ai retrouvé l'analogue chez quelques Phyllostomides. Chez le Mégaderme, son trajet est beaucoup plus compliqué en même temps que la capsule ovarique est plus spacieuse et plus largement ouverte.

Le museau de tanche des Mégadermes est linguiforme, très saillant et accolé à la paroi postérieure du vagin. Chez le *Nycteris*, il est plus petit et semblable à celui des Rhinolophes.

Vespertilionides. — Les Vespertilionides fournissent des exemples de tous les passages, depuis la forme d'utérus profondément divisé en Y, que nous avons rencontrée chez le plus grand nombre des types étudiés jusqu'ici, jusqu'à la forme absolument simple qui caractérisera la famille des Phyllostomides.

Chez les Minioptères, par exemple, l'utérus ressemble complètement à celui d'un Rhinolophe ou, mieux encore, d'un Nyctinome, où la cloison n'existe pas ; le corps est à peu près égal en longueur aux cornes ou même les surpasse légèrement. La capsule ovarique communique largement avec la cavité abdominale ; la boutonnière est particulièrement visible à l'état de gestation, où elle est étirée dans le sens de la longueur par l'extension des parois de l'utérus (fig. 51).

Les cornes de l'utérus sont plus réduites par rapport au corps chez la Barbastelle ; elles le sont davantage encore chez le *Vesperugo Kuhlii*, où ce ne sont plus que deux lobes séparés par une échancrure médiane.

Dans le genre *Vespertilio* enfin, l'utérus est simple et les deux cornes ne sont plus indiquées que par deux angles ou par deux lobes à peine accentués. M. Ercolani a donné des figures (1) représentant cet organe à l'état de vacuité et à divers stades de la gestation. La muqueuse présente dans toute son étendue un aspect spongieux ou villeux dû à l'abondance des glandes. Les figures 3 et 4 de la planche IX de l'ouvrage de M. Ercolani font voir ces glandes sur des coupes transversales et longitudinales. Dans toutes les espèces, le museau de tanche est assez saillant et le vagin ridé longitudinalement.

L'ovaire du *Vespertilio murinus* est subcirculaire et comprimé, coloré en jaune ; il a été décrit avec beaucoup de soin par M. Ed. Van Beneden (2). Il est enveloppé par une capsule ovarique très spacieuse, étirée du côté externe en un cul-de-sac, près duquel se retrouvent les restes du parovarium (organe

(1) Ercolani. *Nuove richerche sulla placenta nei pesci cartilaginosi e nei Mammiferi,* etc. Bologne, 1880.

(2) Ed. Van Beneden. *Loc. cit*

11

de Rosenmüller). L'orifice de la capsule est assez étroit, ce qui explique qu'il ait échappé au savant anatomiste de Liège. Il est cependant facile à reconnaître sous la forme d'une petite boutonnière située à la partie inféro-interne de la capsule, entre l'origine de l'oviducte et le ligament suspenseur de l'utérus. Il est plus réduit encore chez le *V. mystacinus* où il est représenté par un pore dans lequel on peut seulement faire pénétrer l'extrémité d'une aiguille.

L'oviducte est, comme toujours, entièrement contenu dans la paroi de la capsule, il s'ouvre par un pavillon frangé près de l'orifice duquel une de ses franges va se rattacher.

Il m'a été, comme je l'ai dit plus haut, impossible de trouver, avec une loupe de Brücke, un orifice dans la capsule ovarique du *Vesperugo Kuhlii*. M. Mac-Leod décrit également comme close la même capsule chez le *V. pipistrellus*. J'ai fait remarquer combien, en présence de la constance absolue de cet orifice chez tous les autres Chiroptères, il est probable qu'il ne fait pas entièrement défaut et que des difficultés d'observations particulières l'ont caché au savant belge et à moi.

Les glandes de Bartholin sont bien développées, longuement pédiculées, un peu plus petites que les glandes de Cowper du mâle.

Phyllostomides. — La famille des Phyllostomides qui, malgré les différences de régime de ses représentants, est incontestablement la plus homogène de toutes celles de l'ordre des Chiroptères, est caractérisée par un utérus absolument simple et ne présentant aucune trace de cornes ; la situation des capsules ovariques est également différente de ce que nous avons vu chez tous les autres Chiroptères. Ces caractères sont du reste d'une constance absolue, et la description donnée pour un Phyllostomide insectivore pourrait s'appliquer à un *Artibeus* ou, avec de légères modifications, à un *Desmodus*. Je choisirai comme type l'*Artibeus*, à cause de sa grande taille.

Dans cette espèce (fig. 53) l'utérus est pyriforme, assez allongé, et ne présente. pas plus que celui de la femme, trace de cornes. Il se termine supérieurement par un bord libre horizontal droit, aux angles duquel naissent les oviductes. Les capsules ovariques sont appliquées aux côtés de l'utérus, de sorte que l'oviducte descend d'abord le long de cet organe pour remonter ensuite vers son point de départ, et s'y terminer sur le bord d'une boutonnière située à la partie supérieure de la capsule, au niveau du bord libre du ligament large. L'ovaire est elliptique et assez petit, la capsule assez spacieuse proportionnellement à son volume.

Le vagin ne se distingue pas extérieurement de l'utérus et en continue la direction. Le museau de tanche est très peu saillant; la muqueuse vaginale plissée longitudinalement. Les glandes de Bartholin sont extrêmement petites. La vulve, portée par un mont de Vénus assez proéminent, est étroite et en forme de fente longitudinale; le clitoris très réduit.

Chez le *Carollia*, la forme générale est plus large et plus raccourcie; les capsules ovariques, en particulier, sont beaucoup plus étalées et semblent former des ailes de chaque côté de l'utérus; leur pore est extrêmement étroit. Le museau de tanche est représenté par une série de laciniations comme chez les Roussettes du genre *Hypsignathus*. Le clitoris est un peu plus saillant que chez l'*Artibeus*.

L'utérus du *Glossophaga* est plus raccourci encore et presque sphérique; le museau de tanche comprend une partie pleine entre les laciniations.

Chez le *Desmodus*, l'utérus est légèrement cordiforme, présentant une faible échancrure dans son bord libre; il est également moins étroit dans la région colaire que chez les types précédents. Les capsules ovariques prennent un développement énorme et leur capacité est cinq ou six fois supérieure au volume de l'ovaire. Elles ne sont plus accolées que sur une petite longueur au bord latéral de l'utérus et le dépassent de la moitié de leur diamètre en avant. Elles tendent à se relever pour occuper la même situation que chez les Chauves-Souris des autres familles. L'oviducte très étroit décrit des méandres assez complexes se ramenant à un cercle presque entier, la boutonnière de la capsule, assez étroite, étant adjacente à l'utérus. L'ovaire est petit, comprimé et assez allongé.

Le museau de tanche est médiocrement saillant, peu lacinié : les glandes de Bartholin un peu moins réduites que dans les espèces précédentes.

La vulve est proéminente, ce qui, joint à un développement assez grand du clitoris, lui donne un aspect très saillant.

M. Mac-Leod (1) et M. Van Beneden (2) ont récemment étudié la structure histologique de l'ovaire : le premier, chez le *Vesperugo pipistrellus* ; le second, chez le *Vespertilio murinus* et le *Rhinolophus ferrum-equinum*. Le cadre de ce travail ne me permet pas d'entrer dans le détail des observations que ces deux savants, et spécialement M. Van Beneden, ont faites relativement à la structure intime du stroma ovarien ou à l'évolution des follicules de Graaf. Je rappellerai seulement qu'ils ont constaté que chez les Chauves-Souris la portion vasculaire de l'ovaire, caractérisée non pas seulement par l'absence de follicules de Graaf et la présence de nombreux vaisseaux sanguins, mais aussi, pour M. Van Beneden, par une structure fibreuse spéciale, est très réduite, et que la région parenchymateuse forme à elle seule les neuf dixièmes de l'ovaire. Il existe, selon M. Mac-Leod, des cordons parenchymateux dans l'une et l'autre de ces régions ; pour M. Van Beneden, au contraire, ils font défaut dans la région vasculaire. L'épithélium de l'ovaire est d'ordinaire cuboïde (Pipistrelle, Rhinolophe), mais il subit, chez le Murin, des variations considérables et peut être pavimenteux-stratifié.

J'ai répété la plupart des observations de M. Van Beneden sur les deux espèces étudiées par lui et j'ai pu vérifier l'exactitude des faits que je viens de rappeler.

L'oviducte est, comme d'ordinaire, médiocrement musculeux, sa muqueuse est fortement plissée et tapissée d'un épithélium cylindrique à cils vibratiles.

<hr>

(1) Mac Leod. Contribution à l'étude de la structure de l'ovaire des Mammifères (*Arch. de biol.*, I, p. 241, 1880).

(2) Ed. Van Beneden. Contribution à la connaissance de l'ovaire des Mammifères (*Arch. de biol.*, I, p. 475, 1880).

Dans la cavité de l'utérus, un épithélium analogue, mais non cilié, épais de 10 à 12 μ, repose directement sur la couche musculeuse sans interposition de tissu conjonctif. Cet épithélium augmente d'épaisseur vers le col de l'utérus, et ses cellules deviennent columnaires et hautes de 16 à 18 μ. L'épithélium des glandes utérines ne m'a paru différer en rien de celui de la surface de l'utérus.

Le vagin est constitué par une couche musculeuse épaisse, tapissée d'une muqueuse dermoïde ; l'épaisseur de son épithélium pavimenteux stratifié est assez variable : chez le Murin, elle est en moyenne de 50 μ.

CONCLUSIONS

1° Les ovaires sont constamment renfermés dans une capsule péritonéale communiquant avec la cavité abdominale par une boutonnière (Emmert et Burgaetzy), sauf peut-être dans le genre *Vesperugo*.

2° L'oviducte est dans tout son trajet compris dans les parois de la capsule ovarique (Emmert et Burgaetzy), il vient s'ouvrir sur le bord de la boutonnière de cette capsule.

3° L'utérus présente dans sa disposition les plus grandes variations. Il est absolument simple chez les Phyllostomides, plus ou moins bicorne chez les autres Microchiroptères. Le corps est divisé en partie en deux cavités continuant les cornes par une cloison médiane chez le *Nyctinomus plicatus* et plusieurs Mégachiroptères. La cloison se continuant jusqu'à l'orifice utéro-vaginal, il existe deux utérus soudés sur une partie de leur longueur chez le *Taphozous melanopogon* et les Roussettes des genres *Hypsignathus* et *Epomophorus*. Enfin les deux utérus sont entièrement distincts, même extérieurement, chez le *Cynonycteris amplexicaudata*.

4° La muqueuse du vagin, lisse chez quelques Mégachiroptères, est d'ordinaire plissée longitudinalement. Le vestibule uro-génital est toujours très réduit.

5° Les glandes de Bartholin, absolument semblables pour

leur forme et leur situation aux glandes de Cowper du mâle, sont plus réduites.

6° La fente vulvaire est longitudinale dans la famille des Phyllostomides, transversale dans toutes les autres familles.

VI. — Enveloppes fœtales

Parmi les nombreux exemplaires de Chauves-Souris que j'ai disséqués dans le cours de mes recherches, se trouvaient un certain nombre de femelles à l'état de gestation. Les embryons que je me suis procurés ainsi m'ont permis d'entreprendre l'étude de la structure et des rapports des membranes fœtales chez des représentants de la plupart des types de Chiroptères ; la seule famille dont je n'aie observé aucun embryon est celle des Phyllostomides.

Les observations histologiques exigeant des matériaux frais ont porté sur deux espèces indigènes que j'ai pu me procurer en abondance, le *Vespertilio murinus* et le *Rhinolophus euryale.*

Les autres espèces dont j'ai observé les embryons sont les suivantes :

> *Pteropus edulis.*
> *Cynonycteris amplexicaudata.*
> *Epomophorus comptus.*
> *Eonycteris spelæa.*
> *Vespertilio mystacinus.*
> *Miniopterus Schreibersii.*
> *Cheiromeles torquatus.*
> *Molossus obscurus.*
> *Saccopteryx plicata.*
> *Rhynchonycteris nasò.*

Daubenton (1), décrivant en 1759 l'embryon de la Noctule, s'exprime en ces termes : « Les Noctules n'ont ordinairement qu'un seul fœtus à chaque portée, mais quelquefois il y en a deux ; dans l'un et l'autre cas le corps de la matrice est tou-

____

(1) Daubenton. Mémoire sur les Chauves-Souris (*Mém. de l'Acad. des sciences*, 1759, p. 374).

jours dilaté au point que les cornes disparaissent en entier ; au contraire, dans les autres animaux, les fœtus occupent presque toujours les cornes de la matrice. Lorsqu'il y a deux fœtus, ils sont placés l'un à côté de l'autre et ils ont chacun leur placenta et leurs enveloppes particulières..... Le placenta est rond et ressemble à celui des Rats, de la Taupe, de la Musaraigne, etc.... L'allantoïde étant enflée a la forme d'un œuf ; elle est placée au delà du bord du placenta et elle adhère à l'amnios par le gros bout de l'œuf qu'elle représente ; cette adhérence est formée principalement par des vaisseaux sanguins très apparents et placés très près les uns des autres, qui s'étendent parallèlement d'un bout à l'autre de l'allantoïde ; cette membrane tient par son petit bout à un filet qui rampe sur la face interne du placenta, depuis le bord jusqu'au centre, où il se joint au cordon ombilical ; j'ai suivi ce filet très distinctement le long du cordon ombilical et je ne doute pas qu'il ne soit l'ouraque et qu'il ne s'étende jusqu'à la vessie ; mais je n'ai pu parvenir à y faire entrer de l'air ; il y a lieu de croire qu'il n'est pas creux, d'autant que l'allantoïde ne contient point de liqueur. »

Cette description très exacte, pour l'observation des faits du moins, sinon pour leur interprétation, fut complétée par un travail extrêmement remarquable publié au commencement du siècle actuel par Emmert et Burgaetzy (1). Ces deux savants, qui semblent n'avoir pas eu connaissance du mémoire de Daubenton, établirent avec la plus grande exactitude et avec les détails les plus précis la forme et les rapports du placenta et des diverses membranes fœtales chez le *Vespertilio murinus* et le *Rhinolophus hipposideros*. Ils reconnurent l'existence d'une caduque et constatèrent que l'organe considéré par Daubenton comme l'allantoïde était en réalité la vésicule ombilicale, et ne trouvant pas l'allantoïde, ils émirent l'hypothèse que son feuillet externe devait s'être soudé au placenta et au chorion et son feuillet interne à l'amnios, et que la cavité qu'ils rencon-

(1) Emmert und Burgaetzy. *Beobachtungen ueber einige schwängere Fledermäuse und ihre Eihülle* (*Meckel's deutsch. Arch. für Physiol.*, IV, 1819, p. 1).

traient entre les deux dernières membranes était ainsi une cavité allantoïdienne. Une telle hypothèse, bien qu'inexacte, comme nous le verrons, dans le cas actuel, est intéressante à rencontrer dans une publication antérieure aux grands travaux de Von Baer et d'autres considérations générales sur lesquelles nous n'avons pas lieu d'insister ici font de ce mémoire trop oublié aujourd'hui un document extrêmement important pour l'histoire des connaissances embryologiques. Pour le cas qui nous occupe, on peut dire qu'aucun fait d'une réelle importance n'a été ajouté jusqu'à l'époque actuelle à ceux mis en lumière dans ce travail.

Dans la classification des Mammifères qu'il proposa en 1828, Von Baer (1) s'appuie sur le caractère fourni par la persistance de la vésicule ombilicale pour placer les Chiroptères réunis avec les Insectivores à côté des Rongeurs et des Carnassiers.

En 1840, M. R. Owen (2) décrivit un fœtus de Roussette et signala l'aspect étrange de la vésicule ombilicale qui persiste, constituant un corps réniforme assez épais et à surface irrégulièrement plissée ; il décrivit en même temps la forme en houpe des villosités placentaires.

En 1864, Rolleston (3) revit la vésicule ombilicale et indiqua en outre chez le *Phyllostoma hastatum* des vaisseaux sanguins qui de cet organe iraient se distribuer dans le chorion. Il attribua à la longue macération dans l'alcool la forme des villosités observée par M. Owen. L'illustre anatomiste discute cette objection dans son Anatomie comparée des Vertébrés (4) et maintient sa première opinion.

Tels étaient les faits connus lorsque M. Ercolani a publié en

<hr>

(1) *Entwicklungsgeschichte der Thiere*, I, p. 225.

(2) Owen. *Catalogue of the physiological series in the Museum of the royal college of surgeons*, V, p. 140.

(3) Rolleston. On the placental structures of Tenrec and those of certain other Mammalia with remarks on the value of the placental system of classification (*Trans. zool. soc.*, V, 1863, p. 285).

(4) Owen. *Comparative anatomy and physiology of the Vertebrates*, III, p. 731, 1868.

1880 son grand ouvrage (1) sur la formation du placenta. Ce
savant anatomiste consacre un chapitre et trois planches au
développement du *Vespertilio murinus*. Parmi les excellentes
figures qu'il donne, l'une (2), représentant les enveloppes fœtales déchirées, montre les rapports réciproques de l'amnios,
de la vésicule ombilicale et du chorion ; une autre (3) fait voir
le cordon ombilical disséqué au point où les vaisseaux allantoïdiens se séparent des vaisseaux omphalo-mésentériques; une
troisième (4) les rapports vasculaires, qui existent entre le chorion et la vésicule ombilicale. M. Ercolani conclut en effet de
ses observations que le placenta reçoit des vaisseaux provenant
de la vésicule ombilicale.

Attribuant à l'origine des vaisseaux du chorion une importance plus grande qu'à la forme du placenta, il divise les
Mammifères monodelphes en Omphaloïdiens et Allantoïdiens.

Les Chiroptères prennent place parmi les Omphaloïdiens à
côté des Insectivores et des Rongeurs et au-dessous des Carnassiers, tandis que les Primates sont placés à la tête des Allantoïdiens au-dessus des Édentés, des Lémuriens, des Ruminants, des Pachydermes et des Cétacés.

La conclusion sur laquelle M. Ercolani se fonde me paraît
inacceptable et due à une interprétation malheureuse d'observations d'ailleurs exactes. J'aurai à la discuter plus loin, et
d'ailleurs, fût-elle vraie, que la constitution de l'œuf des
Chauves-Souris serait encore, à mon avis du moins, bien différente de celle de l'œuf des Rongeurs.

Lorsque l'on ouvre l'abdomen d'une femelle de Chiroptère
à l'état de gestation, on trouve l'utérus plus ou moins distendu
et rejeté du côté droit de la cavité abdominale. Le fœtus lui-
même occupe constamment la corne droite de l'utérus. Ce fait

---

(1) *Nuove richerche sulla placenta nei pesci cartilaginosi e nei Mammiferi
e delle sue applicazioni alla tassonomia zoologica e all'antropogenia.* Bologne, 1880.

(2) *Loc. cit.*, pl. XIX, fig. 2.

(3) *Loc. cit.*, pl. X, fig. 2.

(4) *Loc. cit.*, pl. X, fig. 1.

m'avait d'abord beaucoup embarrassé puisque les deux ovaires
ont un égal développement et présentent indifféremment des
corps jaunes. Il paraît cependant facile à expliquer par la disposition de l'intestin. La masse intestinale en effet est, comme
nous l'avons vu, entourée en haut, du côté droit, et en bas par
le duodénum et par la lame mésentérique qui le soutient ; elle
est par conséquent libre et mobile dans toute cette partie ; elle
est au contraire fixée du côté gauche dans la région de l'estomac et du foie en haut, du rectum en bas. Refoulée elle tendra
donc nécessairement à se porter vers le côté gauche et à re-
pousser l'obstacle à droite.

Dans les trois cas où j'ai observé la gestation de Roussettes
à utérus double, deux fois chez le *Cynonycteris amplexicaudata*,
une fois chez l'*Epomophorus comptus*, c'était encore l'utérus
droit qui renfermait le fœtus. Mais alors il me semble évident
que l'œuf était tombé de l'ovaire correspondant, car on ne
peut concevoir comment l'œuf passerait de l'un des utérus
dans l'autre. Cette migration me paraît même impossible
d'une corne à l'autre chez les Roussettes où cet organe est
simple.

En ouvrant avec soin l'utérus, on extrait le fœtus qui entraîne avec lui la caduque et la portion maternelle du placenta.
Il ne m'a jamais été possible, même chez des fœtus assez
jeunes, de séparer le placenta fœtal du placenta maternel sans
rupture.

L'embryon est couché transversalement dans une position
très variable suivant les individus ; en général cependant, la
partie dorsale correspond à la face inférieure du bassin, de
sorte que l'embryon est couché sur le dos, si l'on suppose la
mère se tenant debout. L'axe de l'embryon n'est du reste pas
exactement parallèle au diamètre transversal de l'utérus. La
tête est tantôt dirigée du côté droit, tantôt du côté gauche ; sa
situation est indiquée par celle du placenta qui lui correspond
d'une manière à peu près constante.

L'embryon est enveloppé par un chorion mince et facile à
déchirer lorsqu'on n'apporte pas de grandes précautions à l'é-

nucléation de l'œuf. Des vaisseaux sanguins rayonnant à l'entour du placenta se distribuent dans toute son étendue en formant un réseau vasculaire assez serré.

Au-dessous du chorion, entre cette membrane et l'amnios, existe une cavité assez vaste pendant la plus grande partie de la gestation, très réduite au contraire lorsque le terme de la parturition approche. Cette cavité entièrement limitée par le feuillet moyen et tapissée par un endothélium spécial est un cœlome externe.

La vésicule ombilicale, adhérente à l'amnios par sa base, était primitivement accolée au chorion comme le représente M. Ercolani (1). Elle s'en détache bientôt dans presque toute son étendue, le sommet seul y restant adhérent sur un espace très circonscrit. Enfin, elle s'en éloigne complètement, mais elle y reste rattachée par une bride de tissu conjonctif vascularisé (*chorionsfortzats* de Emmert et Burgætzy), à laquelle M. Ercolani a donné le nom de funicule (2).

Enfin l'allantoïde présente une forme analogue à celle des Rongeurs; c'est un sac conique situé derrière le placenta et dont la paroi interne adhère en partie à la vésicule ombilicale et à l'amnios. Sa cavité est traversée par des vaisseaux sanguins qui passent de sa lame interne à sa lame externe, c'est-à-dire au placenta et s'entourent de son épithélium. Quoique assez réduite, elle est facile à insuffler même sur des fœtus à terme.

Placenta. — Le placenta est de forme plus ou moins régulièrement discoïdale. Dans les premières phases du développement, chez certaines espèces comme le *Rhinolophus euryale*, le *Cynonycteris amplexicaudata*, il enveloppe les deux tiers de l'œuf formant alors une sorte de cloche, mais son accroissement moins rapide que celui du reste du chorion le réduit bientôt à un disque convexe à sa surface externe, plan ou légèrement concave à la surface qui est tournée vers l'embryon.

(1) *Loc. cit.*, pl. IX, fig. 2.
(2) *Loc. cit.*, pl. X, fig. 1.

Le bord du gâteau placentaire, au lieu de s'atténuer pour passer progressivement au chorion, est renflé en bourrelet de sorte que la face interne du placenta dépasse en étendue sa surface d'insertion.

Les vaisseaux sanguins pénètrent d'ordinaire dans le placenta en un point plus ou moins central; chez les Molossiens seuls (*Cheiromeles torquatus, Molossus obscurus*), ils l'abordent par le côté et le hile est marginal.

Dans les espèces que j'ai étudiées, une seule fait exception à la règle générale : c'est le *Miniopterus Schreibersii*. Là, en effet (fig. 58), le placenta n'est plus un simple disque, mais il existe deux placentas discoïdaux distincts quoique très rapprochés. Le cordon ombilical se divise pour leur fournir des vaisseaux, chacun d'eux recevant une artère allantoïdienne et donnant naissance à une veine qui s'unit à sa congénère pour constituer la veine allantoïdienne; les deux hiles sont marginaux et situés aux points les plus rapprochés des deux placentas. La plupart du temps, il est facile de s'assurer que le chorion ne s'épaissit pas dans l'espace très étroit du reste qui les sépare. Ce n'est donc pas un placenta discoïdal profondément lobé analogue à celui des Rongeurs, mais bien un véritable placenta bidiscoïdal comparable à celui qui s'observe chez les Singes du groupe des Semnopithèques. Les rapports intimes qui unissent ce groupe aux autres Singes montrent, du reste, que le dédoublement du placenta est un caractère d'ordre secondaire et de peu d'importance au point de vue taxonomique.

Quant à la structure du placenta, je ne puis que confirmer la description donnée par M. Ercolani; les villosités du placenta fœtal pénètrent dans les glandes de l'utérus maternel, et s'y ramifient de sorte qu'il est impossible de séparer, sans rupture, les deux organismes. Sur les coupes, un double épithélium à gros noyaux indique la limite de l'un et de l'autre.

Mais si je suis d'accord avec le savant anatomiste de Bologne relativement à la structure anatomique du placenta, il m'est absolument impossible d'admettre avec lui que ni le placenta, ni même le chorion, considéré dans toute son étendue, reçoive des vaisseaux d'origine omphalo-mésentérique. Examinons, en effet, le mode de vascularisation des annexes de l'embryon.

Cordon ombilical. — Le cordon ombilical est constitué exactement comme celui des autres Mammifères. Sous une enveloppe ectodermique formée par l'amnios, il renferme cinq vaisseaux sanguins faciles à isoler, soit chez une Roussette comme dans la préparation représentée figure 57, soit chez le *Vespertilio murinus*. Ces vaisseaux sont, d'une part, deux artères allantoïdiennes (1) qui naissent de l'aorte dans le bassin et émettent, peu après leur origine, les artères des membres postérieurs; la veine allantoïdienne qui plonge dans le foie où elle va rejoindre la veine cave; d'autre part, l'artère omphalo-mésentérique qui provient de l'artère mésentérique et la veine de même nom qui, comme la veine allantoïdienne, pénètre dans le foie, mais pour se déverser dans le système de la veine-porte. Enfin, outre ces vaisseaux et au milieu du tissu conjonctif muqueux (gélatine de Wharton), on retrouve les restes des pédicules de l'allantoïde et de la vésicule ombilicale. Le dernier est souvent très difficile à reconnaître, même sur des coupes.

Au point où le cordon ombilical se dégage de sa gaine amniotique, les deux ordres de vaisseaux se séparent, les vaisseaux allantoïdiens (2) continuent leur trajet vers le placenta qu'ils abordent presque immédiatement; les vaisseaux omphalo-mésentériques restant au contraire accolés, sur un espace de quelques millimètres, à la membrane de l'amnios avant de pénétrer dans la vésicule ombilicale.

Allantoïde. — L'allantoïde considérée en tant que poche a, comme nous l'avons dit, la forme d'un sac conique très surbaissé dont la base est formée par le placenta et le sommet est au point de division du cordon ombilical; elle comprend donc une lame externe ou basilaire, celle même qui entre dans la

____

(1) Je préfère le nom de vaisseaux allantoïdiens à celui de vaisseaux ombilicaux, qui peut prêter à une confusion avec les vaisseaux de la vésicule ombilicale ou vaisseaux omphalo-mésentériques.

(2) Ercolani. *Loc. cit.*, pl. X, fig. 2.

constitution du placenta et une lame interne en partie libre, en partie adhérente à l'amnios ou à la vésicule ombilicale.

L'une et l'autre circonscrivent une cavité (fig. 54) allantoïdienne, tapissée par un épithélium d'une seule couche de cellules plates à contours légèrement curvilignes, mais non ondulés (fig. 68). Le diamètre de ces cellules est assez variable, il est en général de 15 à 25 μ.

Cet épithélium d'une seule couche de cellules est plus épais que ne le sont d'ordinaire les endothéliums ; bien que beaucoup de caractères le rapprochent des revêtements que l'on désigne habituellement sous ce nom, j'évite cependant de l'appeler ainsi parce qu'il a une origine endodermique. His, en effet, en créant le mot endothélium, l'appliquait aux épithéliums d'origine mésodermique qu'il croyait revêtir tous et seuls les caractères qui les avaient fait appeler auparavant épithéliums pavimenteux simples. Il n'en est malheureusement pas ainsi, et si l'on applique d'ordinaire le nom d'endothélium aux revêtements de la cavité générale et des vaisseaux sanguins et lymphatiques, la plupart des histologistes s'accordent aujourd'hui pour refuser toute valeur à la distinction morphologique proposée entre les épithéliums et les endothéliums. Ici, par exemple, nous avons affaire à un endothélium assez bien caractérisé quoique provenant, selon toute apparence, du feuillet interne. On a souvent cité l'épithélium des alvéoles pulmonaires comme étant dans le même cas. Il me suffit de rappeler la structure de l'épithélium germinatif pour montrer que le feuillet moyen peut donner naissance à un véritable épithélium. Je n'insiste sur ce point, que parce que M. Dastre qui n'admet cependant pas la théorie de His, en décrivant le revêtement analogue de l'allantoïde des Ruminants et du Porc, paraît y voir un argument en faveur de l'hypothèse de Remak qui fait naître l'allantoïde de la paroi externe du bassin (1). L'origine intestinale de l'allantoïde ne paraît, du reste, plus

---

(1) Dastre. Recherches sur l'allantoïde et le chorion de quelques Mammifères (*Ann. d. sc. nat.*, 6ᵉ série, III, p. 8, 1876).

ARTICLE N 1.

mise en doute depuis la publication du mémoire de M. Gasser (1), dont les observations ont été répétées et confirmées en ce qu'elles ont d'essentiel par M. Kölliker (2).

La cavité de l'allantoïde reste assez longtemps en continuité directe avec la vessie et chez des fœtus dont les membres antérieurs ont déjà nettement le caractère d'ailes, le pédicule allantoïdien présente encore une lumière, quoique très étroite. Les cellules qui forment son épithélium augmentent de volume au moment où la lumière s'atrophie, de telle sorte qu'elles se présentent sur une coupe comme un cercle de grosses cellules rayonnant autour d'un point central.

L'allantoïde, dérivant de l'intestin, présente la même constitution que cet organe, c'est-à-dire qu'elle est formée par un épithélium endodermique tapissant une couche d'origine mésodermique, la lame vasculaire de de Baer et des anciens embryologistes, le stroma de l'allantoïde de M. Dastre. C'est cette couche de tissu mésodermique qui, unie avec la couche homologue, enveloppant le pédicule de la vésicule ombilicale, constitue la gélatine de Wharton dans le cordon ombilical, puis s'étale en une couche membraneuse conjonctive à la surface de l'allantoïde dont elle constitue toute la paroi, l'épithélium excepté. Les vaisseaux allantoïdiens font partie de cette couche qui présente ainsi dans sa constitution tous les éléments essentiels auxquels donne naissance le feuillet moyen : du tissu conjonctif, des vaisseaux et des fibres musculaires, très développées, comme M. Kölliker l'a depuis longtemps fait connaître (3), autour des vaisseaux du cordon ombilical.

Les vaisseaux sanguins se ramifient dans la lame interne libre de l'allantoïde et, traversant la cavité allantoïdienne, gagnent la lame externe et pénètrent dans le placenta. L'épithé-

<hr>

(1) Gasser. *Beiträge zur Entwicklungsgeschichte der Müller'schen Gange und des Afters.* Francfort, 1874.

(2) Kölliker. *Embryologie de l'homme et des animaux supérieurs.* Trad franç. Paris, 1879, p. 201.

(3) Kölliker. *Mittheil. der naturf. Ges in Zurich*, 1848.

lium allantoïdien revêt les sortes de piliers vasculaires ainsi
formés entre les deux lames.

Telle paraît être la constitution de l'allantoïde au moment
de la formation du placenta, chez l'embryon, représenté par
M. Ercolani, planche X, figure 5, de son ouvrage par exemple.
Je n'ai pas eu l'occasion d'observer des fœtus aussi peu avancés
dans leur développement.

Mais lorsqu'on s'adresse à des sujets plus âgés, on constate
une très grande différence dans la forme de l'allantoïde. En
effet, la lame vasculaire de cet organe ne se borne plus à cir-
conscrire la cavité allantoïdienne à laquelle elle donne sa
forme. La cavité et l'épithélium qui la limite ne subissent
d'autre modification qu'un accroissement proportionné à celui
des autres parties de l'embryon. La lame mésodermique, au
contraire, dépasse les limites du placenta et s'étend sous l'enveloppe séreuse à laquelle elle s'unit à mesure que la vésicule
ombilicale s'en détache. Ainsi se constitue le chorion définitif
ou troisième chorion, dont les vaisseaux sont par conséquent
fournis par l'allantoïde.

M. Dastre (1), se fondant sur deux figures de Schenk, pense
qu'il n'existe pas en réalité de troisième chorion, mais que les
vaisseaux de l'allantoïde s'étendent dans du tissu conjonctif
qui doublerait l'enveloppe séreuse et proviendrait de la masse
proto-vertébrale, c'est-à-dire de la partie indivise du feuillet
moyen (2). Cette question mériterait de faire l'objet d'observations précises, mais il faudrait pour cela étudier la structure
de l'enveloppe séreuse avant le développement des vaisseaux
et suivre dans ses détails le processus de la vascularisation. Je
n'ai point fait cette étude qui devrait nécessairement porter sur

(1) Dastre. *Loc. cit.*, p. 66.

(2) M. Alph. Milne-Edwards, en montrant, postérieurement au travail de
M. Dastre, que chez les Lémuriens l'allantoïde forme une vaste poche sans
connexion directe avec le placenta, a fait remarquer que cette disposition est
difficile à expliquer si l'on accepte la théorie du placenta telle que l'ont for-
mulée de Baer et Bischoff. (Alph. Milne-Edwards et Grandidier. *Mammifères
de Madagascar*, I, p. 284.)

ARTICLE N° 1.

des Mammifères micrallantoïdiens, discoplacentaires ou zono-
placentaires; je ne puis donc raisonner que sur des probabilités
et en m'appuyant sur des considérations théoriques dont je ne
m'exagère pas la valeur. Cependant il ne me paraît pas certain
que le tissu conjonctif provienne nécessairement des lames
protovertébrales; cette origine me semble difficile à appliquer
par exemple à la couche conjonctive qui, dans le tube digestif,
sépare l'épithélium de la couche musculaire propre de la muqueuse. D'autre part, il ne semble pas probable que la formation du chorion définitif suive au point de vue de la vascularisation un processus différent, selon que les vaisseaux
proviennent de l'allantoïde ou de la vésicule ombilicale. Or
M. Slavjansky (1) a constaté que chez le Lapin l'enveloppe
séreuse disparaît entièrement et a suivi sa résorption dans
toute la partie vascularisée par la vésicule ombilicale et sa
transformation en épithélium dans le reste de la surface de
l'œuf. J'ajouterai enfin que les observateurs les plus récents,
M. Kölliker en particulier, ne font aucune mention des observations de Schenk qu'ils ne paraissent pas avoir répétées.

Quoi qu'il en soit à cet égard, il est incontestable que les
vaisseaux du chorion définitif sont d'origine allantoïdienne. En
effet, soit en pratiquant une injection, soit même en profitant
de l'injection naturelle des vaisseaux d'un embryon qu'on vient
de retirer de l'utérus maternel, on voit avec la plus parfaite
netteté rayonner autour du placenta un certain nombre de gros
vaisseaux dont la plupart viennent directement de la lame interne de l'allantoïde sans avoir pénétré dans la masse placentaire. La figure 57 montre cette disposition des vaisseaux
choriaux chez un fœtus presque à terme de *Pteropus edulis*.
Ces vaisseaux se ramifient et forment sur toute la surface de
l'œuf un réseau vasculaire assez riche, surtout dans la zone
qui avoisine le placenta.

Chez les Molossiens où, comme nous l'avons vu, le hile du

(1) Kronid Slavjansky, Die regressiven Veranderungen der Epithelial-zellen
und der serosen Hulle des Kaninchen Eies (*Berichte über die Verhandl. der
Sachsischen Gesellschaft der Wissenchaften*, XXIV, 1872, p. 247).

placenta est marginal, les vaisseaux allantoïdiens avant même
de pénétrer dans cet organe envoient des branches au chorion.
Ainsi, chez le *Molossus obscurus*, un gros vaisseau naît de cette
façon un peu avant le hile, et, se dirigeant du côté opposé à
celui où est la vésicule ombilicale, forme autour de l'œuf une
ceinture presque complète. Chez le *Cheiromeles*, deux vaisseaux
analogues prennent naissance du côté même où est située la
vésicule ombilicale, et tandis que l'un passe entre cet organe
et le placenta, l'autre se glisse entre les plis de la vésicule ombilicale et s'y accole de telle sorte qu'au moment où il la quitte
on croirait avoir affaire à un vaisseau vitellin pénétrant dans le
chorion ; la dissection est nécessaire pour reconnaître son origine réelle.

Le chorion est donc dans son ensemble vascularisé par des
vaisseaux allantoïdiens. Mais en reçoit-il d'une autre origine ;
de la vésicule ombilicale, comme le pense M. Ercolani ?

Avant d'aborder cette question, il nous faut examiner ce que
devient la vésicule ombilicale par les progrès du développement.

Vésicule ombilicale. — Primitivement elle formait un sac vasculaire accolé au chorion sans être en continuité de tissu avec
lui (1). Elle s'en sépare bientôt sur presque toute son étendue,
l'extrémité terminale seule y reste adhérente sur une surface
de quelques millimètres, mais alors son revêtement externe fait
corps avec la couche interne du chorion. Enfin lorsque le
terme de la gestation approche, elle s'éloigne du chorion, mais
y reste rattachée par une bride de tissu mésodermique vasculaire, le funicule de M. Ercolani.

Les vaisseaux omphalo-mésentériques, après s'être séparés
des vaisseaux allantoïdiens, suivent, comme nous l'avons vu,
sur un certain espace la paroi de l'amnios, de sorte que la base
de la vésicule ombilicale adhère à cette membrane.

La vésicule ombilicale constitue donc un sac rattaché
par sa base à l'amnios, par son sommet au chorion ; il présente

---

(1) Ercolani. *Loc. cit.*, pl. X, fig. 5.

aussi près de sa base une adhérence avec l'allantoïde, mais la plus grande partie de sa surface est libre.

Ainsi constitué, le sac vitellin est d'ordinaire en grande partie caché derrière le placenta ; son extrémité seule se laisse voir par transparence au travers du chorion et en dehors de cet organe. Sur le fœtus de *Pteropus* qui a fourni le sujet de la figure 57, elle est entièrement cachée derrière le placenta ; il en est de même chez un autre fœtus presque à terme et chez un très jeune *Epomophorus comptus* ; mais le *Cynonycteris amplexi-caudata* et l'*Eonycteris spelæa* se montrent comme les Micro-chiroptères sous ce rapport (fig. 59). Chez les Molossiens seuls, la base de la vésicule ombilicale n'est point cachée derrière le placenta et la vésicule entière est située en dehors de lui chez le *Cheiromeles*, mais lui est accolée par un de ses bords ; chez le *Molossus*, dont la vésicule est en forme de cœur de carte à jouer, l'extrémité d'un de ses lobes pénètre derrière le placenta.

Les vaisseaux omphalo-mésentériques forment dans l'épaisseur de la vésicule ombilicale et dans toute son étendue un réseau d'une richesse extrême. Leur calibre diminue cependant à mesure que l'on s'approche de l'extrémité de l'organe et les dernières branches pénètrent seules dans la partie où la vésicule ombilicale adhère au chorion. Là des anastomoses s'établissent entre les fines ramifications de ces vaisseaux et les ramifications correspondantes des vaisseaux d'origine allantoïdienne, mais jamais aucun vaisseau de diamètre tant soit peu considérable ne pénètre de la vésicule ombilicale dans le chorion. Souvent de gros vaisseaux allantoïdiens traversent cette région, mais ils ne présentent non plus aucune connexion avec le système omphalo-mésentérique.

L'étude d'un fœtus très avancé est plus instructive encore à cet égard. Alors en effet la vésicule ombilicale n'adhère plus au chorion, elle y est seulement reliée par une bride membraneuse, le funicule. Or le funicule renferme un assez grand nombre de vaisseaux sanguins, mais tous les vaisseaux faciles à suivre sur des préparations injectées ou même sur des pièces fraîches viennent nettement du chorion, se dirigeant vers la vésicule ombilicale, et ne marchent jamais en sens inverse (1). Les anastomoses, peu nombreuses du reste, qu'ils présentent avec les vaisseaux omphalo-mésentériques permettraient donc peut-être de dire que le chorion envoie du sang à la vésicule ombilicale, mais non que le contraire a lieu. En réalité, ces anastomoses me paraissent de peu d'importance : deux lames mésodermiques vasculaires, l'une et l'autre appartenant à des organes différents, se rencontrent et entrent en coalescence ; les dernières ramifications de leurs vaisseaux entrent en communication. C'est là un fait physiologique qui se produit souvent, soit d'une manière normale, soit dans des cas pathologiques, et qui est dépourvu de toute signification morphologique.

Dans trois fœtus de Roussettes : deux *Pteropus edulis* et un *Epomophorus comptus*, en excellent état de conservation, la vésicule ombilicale était absolument libre de toute adhérence avec le chorion et ne pouvait par conséquent pas avoir avec lui de rapports vasculaires.

Chez un *Eonycteris spelœa* au contraire, la vésicule était reliée au chorion par un cordon ligamenteux, de l'extrémité duquel partaient des sortes de nervures se ramifiant dans le chorion (fig. 59) et semblant être des vaisseaux sanguins. L'impossibilité de faire pénétrer une injection sur une pièce conservée depuis longtemps dans l'alcool ne m'a pas permis de m'assurer de leur véritable nature, mais en présence des nombreux faits fournis par les autres Chauves-Souris, je suis porté à croire qu'il y avait là une apparence due peut-être à un accolement de vaisseaux analogue à celui que j'ai rencontré chez le *Cheiromeles torquatus*.

Je dois dire cependant que Rolleston signale une disposition analogue chez le *Phyllostoma hastatum*, son observation

(1) Cette disposition est, du reste, très apparente sur la figure que donne M. Ercolani du funicule (*loc. cit.*, pl. X, fig. 1) : un seul vaisseau, celui qui est situé le plus à gauche, ne présente pas une direction déterminée et s'abouche directement avec d'assez gros vaisseaux omphalo-mésentériques ; je n'ai jamais rencontré de disposition analogue.

ARTICLE N° 1.

semble du reste avoir été faite dans les mêmes conditions que la mienne et n'être pas de nature à produire la conviction.

S'il venait à être démontré que c'est bien une arborisation vasculaire qui se rend de la vésicule ombilicale au chorion, il en faudrait conclure que l'origine des vaisseaux du chorion est un caractère sans grande importance et variable dans un même type. L'existence ou l'absence d'une caduque aujourd'hui démontrées chez des animaux très voisins d'ailleurs doit mettre les naturalistes en garde contre les généralisations trop prématurées ; cependant, je le répète, les faits que j'ai observés chez l'*Eonycteris* ne sont pas assez probants pour m'autoriser à nier d'une manière formelle la généralité d'un caractère que j'ai rencontré partout ailleurs.

Nous établirons plus loin une comparaison entre l'œuf d'un Chiroptère et celui d'un Rongeur, et nous verrons alors combien, même en supposant ces faits démontrés, la disposition propre à l'*Eonycteris* différerait encore de celle qui caractérise les Mammifères nettement omphaloïdiens.

Isolée, la vésicule ombilicale présente un aspect étrange et qui frappe au premier abord : ce n'est point comme à l'ordinaire une membrane mince et translucide, mais au contraire une masse compacte, opaque et d'aspect glanduleux. En l'étudiant de plus près, on reconnaît qu'elle forme chez les Microchiroptères un sac à parois plissées de façon à occuper un espace beaucoup plus restreint que si elles étaient étendues. Il est cependant facile de les étendre sur le frais sans produire aucune déchirure ; on reconnaît alors que la paroi est formée d'une membrane assez épaisse à surfaces irrégulières, l'externe présentant de véritables villosités de formes diverses Ces différentes circonstances expliquent l'apparence inusitée de l'organe.

Si l'on s'adresse à une Roussette, ces particularités sont poussées bien plus loin encore, mais la structure est un peu différente. D'abord les parois se sont soudées partout où elles étaient en contact, de sorte que la vésicule vitelline ne forme plus un sac que l'on puisse étendre, mais une masse compacte dont, même sur des coupes, on ne reconnaît qu'avec difficulté l'origine primitive. Cependant on retrouve encore nettement dans certaines parties des préparations le tissu conjonctif qui réunit les deux lames pariétales et leurs plis. Les villosités elles-mêmes extrêmement développées s'intriquent et sont réunies par du tissu conjonctif de façon à présenter entre elles des rapports analogues à ceux des acini d'une glande. Ainsi constituée, la vésicule ombilicale forme sous le placenta une sorte de gâteau compact de forme très irrégulièrement triangulaire, réniforme dans l'exemplaire décrit par M. Owen. Chez un *Pteropus edulis* presque à terme, elle n'a pas moins de 28 millimètres de diamètre sur une épaisseur de 4 millimètres ; encore se replie-t-elle sur elle-même près d'un de ses bords, l'espace dans lequel elle a à se loger n'étant pas assez vaste.

Le *Cheiromeles torquatus*, dont la vésicule ombilicale bien que très développée occupe un espace relativement très restreint, présente un aspect en quelque sorte intermédiaire entre celui des Mégachiroptères et celui que présentent les Chauves-Souris ordinaires, tout en se rattachant très nettement aux dernières ; la vésicule forme en effet des plis très serrés intéressant ses deux lames accolées et ses bords se replient sur eux-mêmes en plusieurs endroits.

En examinant à l'œil nu et surtout au microscope la membrane de la vésicule ombilicale, on est frappé de sa richesse de vascularisation. L'artère omphalo-mésentérique qui y apporte le sang ne le cède point en diamètre à l'une des deux artères allantoïdiennes chargées de vasculariser le placenta et le chorion tout entier, et les veines sont d'un calibre sensiblement égal. Le réseau vasculaire constitué par les branches de ces vaisseaux est d'une si grande richesse, ses mailles sont tellement serrées que sous ce rapport on croirait avoir sous les yeux le poumon d'un Batracien. Les capillaires de ce plexus sont d'un diamètre assez considérable de sorte que le sang peut traverser l'organe avec une très grande rapidité.

Pour étudier la structure histologique de la vésicule ombilicale, je l'ai examinée de face et sur des coupes transversales.

Dans le premier cas j'ai presque toujours opéré sur le tissu frais coloré au vert de méthyle ou au picrocarminate d'ammoniaque, éclairci ou non par l'acide acétique. Un fragment du sac ombilical plongé quelques minutes dans un verre de montre contenant la matière colorante était étendu entre deux lamelles couvre-objets de façon à pouvoir être examiné par l'une ou l'autre face; j'ajoutais alors l'acide acétique quand j'en éprouvais le besoin.

Pour pratiquer les coupes, les objets étaient fixés au liquide de Müller ou au liquide de Kleinenberg, colorés en masse au carmin ammoniacal ou à l'hématoxyline de Boehmer et incu s dans la paraffine.

Les coupes transversales montrent que la paroi de la vésicule ombilicale est formée par un stroma recouvert de deux épithéliums prismatiques (fig. 65). Le stroma est constitué par une trame de tissu conjonctif embryonnaire à nombreuses cellules, renfermant un très grand nombre de vaisseaux sanguins. Les deux épithéliums quoique de même type présentent un aspect assez différent; celui du côté externe étant plus épais et constitué par des cellules beaucoup plus étroites que celui de la face interne. L'épaisseur est assez variable, comme le montre la figure, surtout pour l'épithélium externe; elle est en moyenne de 25 μ et de 13 μ pour l'épithélium interne; le diamètre moyen des cellules est respectivement de 3 μ et de 8 μ.

Une série de noyaux disposés régulièrement à la base de l'épithélium externe semblent indiquer une série de cellules plates qui constituerait une couche basilaire plus ou moins analogue aux endothéliums sous-muqueux décrits par M. Deboye. Cependant comme toutes les coupes ne présentent pas à cet égard la même netteté et qu'il m'a été impossible de réaliser une imprégnation au nitrate d'argent, je ne puis affirmer rien autre chose que l'apparence rendue par la figure 65.

Examiné de face, l'épithélium externe se montre formé de petites cellules polygonales dont le champ est presque entièrement occupé par le noyau, sans présenter de particularités importantes à noter. L'étude de l'épithélium interne est, au contraire, très instructive (fig. 66). Ses cellules, larges et à gros noyau central, sont encore polygonales et assez régulières, bien que leur contour soit formé par des lignes plus ou moins courbes. Mais ce qui lui donne surtout un aspect caractéristique, ce sont les gouttelettes graisseuses abondantes qui remplissent ses cellules, même sur des embryons très jeunes. La matière grasse se montre tantôt sous forme de fines granulations, tantôt, au contraire, sous celle de gouttelettes qui peuvent être aussi grosses que les noyaux cellulaires. Les gouttelettes sont moins nombreuses dans les cellules sus-jacentes aux vaisseaux sanguins si ce n'est chez des fœtus très âgés. Le noircissement sous l'influence de l'acide osmique montre qu'il s'agit bien ici de véritables gouttelettes graisseuses et non pas de quelque chose de comparable aux granulations réfringentes, découvertes par M. Dastre dans l'épithélium intra-allantoïdien du Porc.

Dans quelques cas, même chez des fœtus assez âgés, les gouttelettes font défaut sur un certain espace correspondant toujours à d'assez gros vaisseaux; les granulations sont alors beaucoup plus abondantes et obscurcissent entièrement le protoplasma cellulaire (fig. 67).

Chez les Roussettes, l'enchevêtrement des villosités et l'oblitération de la cavité interne produisent un aspect très différent; on ne peut plus, sur des coupes, distinguer les deux épithéliums, on aperçoit seulement des îlots cellulaires séparés par du tissu conjonctif. L'aspect général est comparable à celui des acini d'une glande ou jusqu'à un certain point des lobules du foie.

La richesse de vascularisation de la vésicule ombilicale et son accroissement parallèle à celui de l'embryon prouvent qu'elle joue un rôle physiologique important. J'ai pu m'assurer que ce rôle est celui d'un organe de glycogénie. Les deux épithéliums brunissent en effet fortement, l'interne surtout, par le réactif iodé, montrant ainsi l'existence de la matière glycogène. L'aspect de l'épithélium interne rappelle du reste d'une manière frappante celui du revêtement des villosités glycogéniques de l'amnios des Ruminants. On pourra comparer sous ce rapport à ma figure, celle donnée par Claude Bernard (1), de cet épithélium, figure que je ne connaissais pas lorsque j'ai dessiné la mienne. Il n'existe du reste dans l'amnios ni plaques ni villosités glycogéniques ; je n'ai retrouvé la matière glycogène que dans les cellules de l'épithélium intra-allantoïdien où M. Dastre l'a signalée déjà chez les Ruminants et les Pachydermes.

Vers la fin de la gestation la matière glycogène disparaît de la vésicule ombilicale comme du reste de tous les organes extra-embryonnaires (Claude Bernard).

Amnios. — Quant à l'amnios, il est constitué par une trame conjonctive extrêmement mince, limitée en dehors par une couche endothéliale sur laquelle nous reviendrons un peu plus loin, en dedans par un épithélium pavimenteux stratifié en continuité avec l'épiderme. Cependant la structure de cette couche n'est pas identique à celle de l'épiderme ; on n'y trouve pas de réseau muqueux de Malpighi. La base en est au contraire formée par une couche de cellules plates régulières à contours rectilignes (fig. 69), faciles à étudier sur une préparation imprégnée au nitrate d'argent en faisant plonger l'objectif.

Sur le cordon ombilical, la trame conjonctive de l'amnios fait corps avec la gélatine de Wharton et ne peut se distinguer du tissu conjonctif appartenant à l'allantoïde ou à la vésicule ombilicale.

L'épaisseur totale de la membrane amniotique étant de 30 μ, l'épithélium interne y entre à lui seul pour 25 μ. La trame conjonctive n'est que de 3 μ, l'endothélium externe de 2 μ.

Cœlome externe. — L'amnios, la vésicule ombilicale et l'allantoïde ne remplissent pas complètement la cavité de l'œuf et ne sont pas rattachées entre elles ou avec le chorion par une trame de tissu conjonctif (*membrana media* de Haller,

---

(1) Claude Bernard. Sur une nouvelle fonction du placenta (*Journ. de la physiol.*, II, 1859, pl. III).

magma réticulé de Velpeau, tissu muqueux interannexiel de M. Dastre), comme chez l'Homme, les Ruminants ou les Pachydermes. Il existe, au contraire, entre les annexes une cavité parfaitement délimitée et tapissée par un endothélium propre. Une cavité semblable existe dans l'œuf des Rongeurs, où elle n'est connue du reste que depuis un très petit nombre d'années. Les auteurs qui s'étaient occupés de l'embryologie de ces animaux, Bischoff et Kölliker en particulier, semblent bien l'avoir vue, le dernier en a même étudié la sérosité, mais ils n'en avaient pas reconnu la signification et surtout ils ne connaissaient pas l'existence de la couche endothéliale qui prouve seule l'autonomie de la cavité. L'endothélium me paraît avoir été signalé pour la première fois, en 1872, par M. Slavjansky (1) dans l'explication des figures de son mémoire sur la régression de l'enveloppe séreuse du Lapin. M. Dastre (2), en 1876, en a donné une description complète et, remarquant que cette cavité interannexielle n'est autre chose qu'une continuation en dehors de l'embryon de la cavité pleuropéritonéale ou cœlome, lui a donné le nom de *Cœlome externe*.

La cavité du cœlome externe, très spacieuse chez des embryons médiocrement développés et renfermant un liquide abondant, se réduit considérablement vers la fin de la gestation, l'amnios prenant alors un développement énorme. Elle est très peu développée et peut être nulle chez les Mégachiroptères.

L'endothélium qui la tapisse est un endothélium à cellules ondulées analogue à celui du péritoine. Il se retrouve avec les mêmes caractères à la face interne du chorion et à la face externe de l'allantoïde ou de l'amnios, mais je n'ai pu, malgré des essais répétés de nitratation, en déceler l'existence à la surface de la vésicule ombilicale. Peut-être s'est-il transformé pour constituer l'épithélium externe à grandes cellules pris-

(1) Kronid Slavjansky. *Loc. cit.*
(2) Dastre. *Loc. cit.*, p. 34.
  ARTICLE N° 1.

matiques de cette membrane. S'il en était ainsi, ce serait un argument de plus contre la théorie des endothéliums de His. Je ne puis cependant donner cette opinion fondée sur des observations négatives que comme une hypothèse et je désire qu'un plus habile que moi vérifie l'exactitude de mes observations.

La figure 54 résume d'une manière schématique la constitution de l'œuf d'un Chiroptère (plus spécialement d'un Microchiroptère), lorsqu'il a atteint son maximum de complexité. Elle montre les rapports des différentes membranes fœtales et la distribution des vaisseaux d'origine allantoïdienne dans le chorion.

J'ai placé à côté (fig. 55) le schéma de l'œuf d'un Rongeur, d'après M. Slavjansky, modifié de façon à le rendre comparable avec la figure précédente. La comparaison des deux figures montre des différences très considérables. Chez les Rongeurs, en effet, l'allantoïde plus réduite que chez les Chiroptères ne vascularise que le placenta et une zone très restreinte autour de cet organe. Le reste du chorion reçoit des vaisseaux d'une tout autre origine et possède une constitution morphologique absolument différente. C'est la vésicule ombilicale qui, accolant son hémisphère externe à l'enveloppe séreuse et invaginant son hémisphère interne, le seul vascularisé, dans l'hémisphère externe, prend la forme d'un champignon pédiculé et entre dans la constitution du chorion définitif.

L'enveloppe séreuse se résorbe elle-même par les progrès du développement, de sorte que la vésicule ombilicale forme seule la partie extra-allantoïdienne du chorion définitif. La cavité vitelline disparaît du reste entièrement et la vésicule ombilicale ne joue pas d'autre rôle que celui d'un support pour les vaisseaux de cette partie du chorion.

Les vaisseaux qui se distribuent dans cette région débouchent tous dans un canal circulaire ou sinus terminal limitant les deux régions du chorion, de sorte que nulle part il n'y a anastomose entre les vaisseaux allantoïdiens et les vaisseaux omphalo-mésentériques.

Ce fait suffirait à établir une très grande différence entre l'œuf des deux ordres de Mammifères, quand même l'opinion de M. Ercolani, relativement à la pénétration des vaisseaux omphalo-mésentériques dans le chorion serait exacte, puisqu'il ne permettrait pas de passer d'une forme à l'autre, en admettant que la zone allantoïdienne du chorion des Rongeurs se soit considérablement accrue chez les Chiroptères aux dépens de la zone vitelline. Je crois avoir démontré que cette opinion n'était pas acceptable.

Le seul caractère commun à l'œuf des Chiroptères et à celui des Rongeurs est l'existence d'un cœlome externe limité par une couche endothéliale propre. La vascularisation du chorion tout entier aux dépens de l'allantoïde rapproche au contraire les Chiroptères des Primates. Enfin la persistance de la vésicule ombilicale comme organe distinct indépendant du chorion et ayant un rôle physiologique propre est un caractère particulier à l'ordre qui nous occupe et qui ne se retrouve que peut-être chez les Insectivores (Taupe).

CONCLUSIONS

1° Le placenta des Chiroptères est discoïdal (Daubenton); il est double ou bidiscoïdal chez le *Miniopterus Schreibersii*. Le hile est d'ordinaire plus ou moins central, il est marginal chez le *Miniopterus* et les Molossiens.

2° La vésicule ombilicale prend un développement considérable et persiste pendant toute la vie embryonnaire (Daubenton, Emmert et Burgaetzy). Adhérente d'abord au chorion, elle s'en écarte peu à peu et finit par n'y être plus rattachée que par une bride conjonctive (Emmert et Burgaetzy, Ercolani).

3° La vésicule ombilicale, richement vascularisée, et dont j'ai fait connaître la structure histologique est un organe de glycogénie.

4° Il peut s'établir des anastomoses entre les dernières ramifications des vaisseaux allantoïdiens et des vaisseaux omphalo-mésentériques, mais jamais (le cas de l'*Eonycteris* est seul douteux), aucun vaisseau omphalo-mésentérique de quelque importance ne passe dans le chorion.

5° L'épithélium intra-allantoïdien est glycogénique.

6° Il existe entre les membranes fœtales un cœlome externe limité par un endothélium propre.

7° L'épithélium interne de l'amnios diffère de l'épiderme en ce que la couche de Malpighi fait défaut et est remplacée par une couche basilaire de cellules plates très régulières.

8° L'œuf des Chiroptères diffère essentiellement de celui des Rongeurs en ce que la vésicule ombilicale n'entre pas dans la constitution du chorion et que ses vaisseaux ne se terminent pas dans un canal circulaire comparable au sinus terminal. Le cœlome externe est le seul caractère commun entre les deux ordres. Au contraire, le mode de vascularisation du chorion rattache les Chiroptères aux Primates. La constitution de l'œuf des Insectivores n'est pas assez connue pour me permettre d'établir une comparaison.

EXPLICATION DES FIGURES

PLANCHE II.

Fig. 1. *Pteropus rubricollis*. Glandes salivaires. *g. p*, glande parotide; *c. S*, canal de Sténon; *g. s. m*, glandes sous-maxillaires; *c. W*, canaux de Wharton; *g. s. l*, glandes sublinguales; *p. s*, muscle peaussier supérieur; *p. m*, peaussier moyen; *p. i*, peaussier inférieur. Grandeur naturelle.

Fig. 2. *Epomophorus comptus*. Glandes salivaires. *g*, masse glandulaire droite non disséquée; *g. p*, glande parotide; *c. S*, canal de Sténon; *g. s. m*, glandes sous-maxillaires; *c. W*, canaux de Wharton; *g. s. l*, glandes sublinguales; *g. h*, glandes de l'hibernation; *l*, larynx; *ph*, paroi du pharynx; *m*, petit muscle peaussier reliant la joue au sternum; *p. m*, peaussier moyen; *p. i*, peaussier inférieur. Grandeur naturelle.

Fig. 3. *Pteropus medius*. Barbillon disséqué pour montrer l'extrémité des canaux de Wharton *c. W. c. W'*, se terminant dans deux pores séparés *p. p'*. Grossissement considérable.

Fig. 4. *Phyllorhina Commersonii*. Glandes sublinguale et sous-maxillaire accessoire. *c. W*, canal de Wharton de la sous-maxillaire principale; *g. s. m*, glande sous-maxillaire accessoire; *c. W'*, son canal ; *g. s. l*, glande sublinguale; *b*, barbillon. Grossissement, 4 fois.

PLANCHE III.

Fig. 5. *Eonycteris spelæa*. Langue et plancher buccal. *c. W*, canaux de Wharton; *g*, glande sublinguale; *b*, barbillon; *cr*, crête sublinguale; *b*, barbillon. Grandeur naturelle.

Fig. 6. *Pteropus medius*. Estomac retourné. *o*, extrémité inférieure de l'œsophage; *p. c*, portion cardiaque; *g. c*, grand cul-de-sac; *r. p*, région pylorique; *p*, pylore; *d*, origine du duodénum. Grandeur naturelle.

Fig. 7. *Hypsignathus monstrosus*. Estomac. *o*, œsophage; *c*, portion cardiaque ; *p*, pylore. Grandeur naturelle.

Fig. 8. *Eonycteris spelæa*. Estomac et pancréas. *o*, œsophage ; *e*, estomac ; *p*, pancréas ; *r*, rate. Grandeur naturelle.

Fig. 9. *Emballonura nigrescens*. Estomac grossi 2 fois.

Fig. 10. *Rhynchonycteris naso*. Estomac grossi 2 fois.

Fig. 12. *Carollia brevicauda*. Estomac grossi 2 fois.

Fig. 13. *Desmodus rufus*. Œsophage, estomac et foie. *o*, œsophage ; *e*, estomac; *d*, duodénum ; *l. l. g*, lobe latéral gauche du foie ; *l. c*, lobe central ; *l. l. d*, lobe latéral droit. Grandeur naturelle.

Fig. 14. *Rhinopoma microphyllum*. Fragment d'intestin montrant le cæcum. Grossi 2 fois.

Fig. 15. *Megaderma spasma*. Fragment d'intestin montrant le cæcum. Grandeur naturelle.

Fig. 16. *Pteropus rubricollis*. Foie. *l. l. g*, lobe latéral ; *l. c. g*, lobe central gauche ; *l. c. d*, lobe central droit ; *l. l. d*, lobe latéral droit ; *l. c*, lobe caudé; *l. s*, lobe de Spigel ; *v. b*, vésicule biliaire ; *c. b*, canaux biliaires ; *v. p*, veine porte ; *v. c*, veine cave inférieure. Grandeur naturelle.

Fig. 17. *Phyllorhina diadema*. Foie. *l. l. g*, lobe latéral gauche ; *l. c. g*, lobe central gauche ; *l. c. d*, lobe central droit ; *l. l. d*, lobe latéral droit ; *l. s*, lobe de Spigel ; *l. c*, éminence représentant le lobe caudé ; *v. b*, vésicule biliaire. Grandeur naturelle.

Fig. 18. *Artibeus perspicillatus*. Estomac, rate, foie et pancréas. *e*, estomac ; *r*, rate ; *p*, pancréas ; *d*, duodénum ; *l. l. g*, lobe latéral gauche du foie ; *l. c*, lobe central ; *l. l. d*, lobe latéral droit. Grossissement, 2 fois.

PLANCHE IV.

Fig. 11. *Taphozous melanopogon*. Estomac grossi 2 fois.

Fig. 19. *Rhinolophus ferrum-equinum*. Estomac et pancréas grossis 2 fois.

Fig. 20. *Vespertilio murinus*. Charpente du larynx. *h*, corps de l'hyoïde; *c. h*, petite corne hyoïdienne ; *t*, cartilage thyroïde ; *c. s*, sa corne supérieure ; *c. i*, corne inférieure ; *c*, cartilage cricoïde ; *m*, membrane cricothyroïdienne ; *e*, épiglotte ; *tr*, trachée. Grossissement, 4 fois.

Fig. 21. *Vespertilio murinus*. Larynx avec ses muscles. *h*, hyoïde ; *e*, épiglotte ;
 t. h, muscle thyro-hyoïdien ; *s. t*, muscle sterno-thyroïdien ; *c. t*, muscle
 crico-thyroïdien ; *c. ph*, muscle constricteur moyen du pharynx ; *m*, membrane
 crico-thyroïdienne ; *o*, œsophage ; *tr*, trachée ; *t*, corps thyroïde. Grossissement, 4 fois.

Fig. 22. *Rhinolophus ferrum-equinum*. Cartilages du larynx vus de profil.
 e, épiglotte ; *t*, cartilage thyroïde ; *c*, cricoïde ; *ar*, aryténoïde ; *S*, cartilage
 de Santorini ; *a*, ampoule trachéenne supérieure paire ; *a* ampoule trachéenne
 inférieure impaire. Grossissement, 4 fois.

Fig. 23. Le même vu par la face postérieure, mêmes lettres. Grossissement,
 4 fois.

Fig. 24. *Nycteris thebaica*. Partie supérieure de la trachée montrant le premier anneau modifié pour former les deux ampoules cartilagineuses. Grossissement, environ 12 fois.

Fig. 25. *Epomophorus comptus*. Larynx. *h*, hyoïde ; *c. h*, sa petite corne, étalée
 en bouclier, relevée près de son point d'articulation en une apophyse peu
 saillante *a* ; *t*, cartilage thyroïde ; *c. t*, muscle crico-thyroïdien ; *t. h*, muscle
 thyro-hyoïdien ; *st*, muscle sterno-thyroïdien ; *c. p*, muscle constricteur du
 pharynx ; *o*, œsophage ; *tr*, trachée. Grandeur naturelle.

Fig. 26. Le même larynx ouvert. *e*, épiglotte ; *e'*, épiglotte postérieure ; *t*, cartilage thyroïde ; *c*, cricoïde ; *m*, muscles crico-aryténoïdiens ; *v. M*, ventricules de Morgagni ; *v. s*, cordes vocales supérieures ; *v. i*, cordes vocales
 inférieures ; *a*, tubercule surmontant les cordes vocales supérieures. Grandeur naturelle.

Fig. 27. *Pteropus medius*. Poumons et cœur. *t*, trachée-artère ; *c*, cœur ; *s*,
 lobe supérieur du poumon droit ; *m*, lobe moyen ; *i*, lobe inférieur ; *p*, lobe
 postérieur ; *s'*, lobe supérieur du poumon gauche ; *i'*, lobe inférieur. Grandeur naturelle.

Fig. 28. *Taphozous melanopogon*. Rein grossi 4 fois.

Fig. 29. *Emballonura nigrescens*. Rein grossi 4 fois.

PLANCHE V.

Fig. 30. *Cynonycteris amplexicaudata*. Organes génitaux mâles, face postérieure. *t*, testicule ; *e*, épididyme ; *l*, ligament suspenseur ; *d*, canal déférent ; *v. s*, vésicules séminales ; *p*, prostate ; *v. u*, vessie urinaire ; *u*, uretère ; *g. C*, glandes de Cowper ; *b*, muscle bulbo-caverneux ; *i*, muscle
 ischio-caverneux ; *pe*, pénis. Un peu plus que grandeur naturelle.

Fig. 31. *Cynopterus Jagorii*. Glandes accessoires de l'appareil mâle, face
 antérieure. *v. u*. vessie urinaire ; *d*, canal déférent ; *v. s*, vésicules séminales ; *p*, prostate ; *g. c*, glandes de Cowper. Gros., 3 fois.

Fig. 32. Les mêmes, face postérieure. Mêmes lettres ; *m*, portion musculeuse
 de l'urèthre ; *b*, bulbe de l'urèthre.

Fig. 33. *Pteropus medius*. Glandes accessoires de l'appareil génital ; *d*, canal
 déférent ; *v. s*, portion coalescente des vésicules séminales ; *v. s'*, portion
 libre ; *p*, prostate ; *m*, portion musculeuse de l'urèthre. Grossissement, 4 fois.

Fig. 34. *Rhinolophus ferrum-equinum*. Organes génitaux mâles, face antérieure. *t*, testicule ; *e*, épididyme ; *d*, canal déférent ; *v. u*, vessie urinaire ;
u, uretère ; *v. s*, vésicules séminales ; *p*, prostate ; *g. u*, glande uréthrale ;
g. C, glandes de Cowper ; *i*, muscle ischio-caverneux ; *b*, muscle bulbo-caverneux ; *c*, corps caverneux ; *n*, nerfs dorsaux de la verge ; *pr*, prépuce ;
g, gland ; *o*, saillie formée par l'extrémité de l'os pénien. Grossissement,
9 fois.

Fig. 35. *Rh. ferrum-equinum*. Glandes accessoires de l'appareil mâle, face
postérieure plus fortement grossie. *v. u*, vessie urinaire ; *v. s'*, ampoule de
Henle ; *v. s*, vésicule séminale proprement dite ; *p*, prostate ; *g. u*, glande
uréthrale.

Fig. 36. *Nycteris Revoilii*. Organes génitaux mâle, face postérieure. *v. u*, vessie
urinaire ; *u*, uretères ; *t*, testicule ; *e*, épididyme ; *d*, canal déférent ; *v. s*,
vésicule séminale ; *p*, prostate ; *g. c*, glandes de Cowper ; *m*, portion musculeuse de l'urèthre.

Fig. 37. Les mêmes, face antérieure. Mêmes lettres. *c*, corps caverneux.

PLANCHE VI.

Fig. 38. *Megaderma spasma*. Glandes accessoires de l'appareil mâle, face postérieure. *d*, canal déférent ; *v. s*, vésicule séminale ; *p*, prostate ; *i*, muscle
ischio-caverneux ; *g, C*, glandes de Cowper.

Fig. 39. *Vespertilio murinus*. Organes génito-urinaires du mâle ; face antérieure. *c. s*, capsule surrénale ; *r*, rein ; *u*, uretère ; *v. u*, vessie urinaire ;
l, ligament suspenseur du testicule ; *t*, testicule ; *e*, épididyme ; *d*, canal déférent ; *v. s*, vésicule séminale ; *p*, prostate ; *m*, portion musculeuse de l'urèthre ; *g. C*, glandes de Cowper ; *i*, muscle ischio-caverneux ; *c. c*, corps caverneux ; *pe*, pénis ; *n*, nerfs dorsaux de la verge. Grossissement, 3 fois.

Fig. 40. *Vesperugo Kuhlii*. Vésicules séminales, face postérieure. *d*, canal déférent ; *v. s*, vésicule séminale ; *m*, portion musculeuse de l'urèthre.

Fig. 41. *Synotus barbastellus*. Glandes accessoires de l'appareil génital, face
postérieure. *v. u*, vessie urinaire ; *u*, uretère ; *d*, canal déférent ; *v. s*, vésicule séminale ; *p*, prostate ; *m*, portion musculeuse de l'urèthre ; *g. c*, glandes de Cowper ; *b*, bulbe de l'urèthre.

Fig. 42. *Miniopterus Schreibersii*. Glandes accessoires de l'appareil génital,
face postérieure. *v. s*, vésicule séminale ; *p*, prostate, lobe supérieur ; *p'*,
lobe inférieur.

Fig. 43. *Plecotus auritus*. Glandes de Cowper, face postérieure. *g. C*, glande
principale ; *g. C'*, glande accessoire ; *m*, portion musculeuse de l'urèthre ;
s, portion spongieuse.

Fig. 44. *Noctilio leporinus*. Glandes accessoires de l'appareil mâle, face postérieure. *v. u*, vessie urinaire ; *u*, uretère ; *d*, canal déférent ; *v. s*, vésicule
séminale ; *p*, prostate ; *m*, portion musculeuse de l'urèthre. Grossissement,
4 fois.

Fig. 45. *Rhinopoma microphyllum*. Glandes accessoires de l'appareil mâle,
face postérieure. *v. s*, vésicule séminale ; *p*, prostate ; *u*, urèthre. Grossissement, 7 fois.

Fig. 46. *Carollia brevicauda*. Organes génito-urinaires du mâle. *c. s*, capsule
surrénale ; *r*, rein ; *u*, uretère ; *v. u*, vessie urinaire ; *t*, testicule ; *e*, épididyme ; *d*, canal déférent ; *p*, prostate disséquée d'un côté pour faire voir la
vésicule séminale *v. s* ; *g. C*, glande de Cowper ; *b. c*, muscle bulbo-caverneux ; *pe*, pénis.

<h2 style="text-align:center">PLANCHE VII</h2>

Fig. 47. *Cynonycteris amplexicaudata*. Organes génitaux de la femelle. *c. o*,
capsule ovarique ; *b*, sa boutonnière dans laquelle est introduite une soie ;
o. d, oviducte ; *u*, utérus droit gravide ; *u'*, utérus gauche vide ; *m*, museau
de tanche ; *o*, vagin ouvert ; *v. u*, vessie urinaire. Grossissement, 2,5 fois.

Fig. 48. *Rhinolophus ferrum-equinum*. Capsule ovarique très fortement
grossie. *c*, capsule ovarique ; *o*, ovaire ; *b*, boutonnière ; *o. d*, oviducte ; *u*,
sommet de la corne de l'utérus.

Fig. 49. *Nycteris Thebaïca*. Organes génitaux de la femelle, face antérieure.
c, capsule ovarique ; *u*, utérus ; *v*, vagin ; *a*, uretère ; *b*, vessie urinaire.
Grossissement, 4 fois.

Fig. 50. *Megaderma spasma*. Organes génitaux de la femelle. *c*, capsule ovarique ; *u*, utérus ; *v*, vagin ; *b*, vessie urinaire.

Fig. 51. *Miniopterus Schreibersii*. Capsule ovarique. *u*, utérus gravide ; *o*,
ovaire ; *o. d*, oviducte ; *b*, boutonnière de la capsule ovarique.

Fig. 52. *Noctilio leporinus*. Organes génitaux de la femelle. *c*, capsule ovarique ; *o. d*, oviducte ; *u*, utérus ; *v*, vagin ; *v. u*, vessie urinaire ; *g. B*, glande
de Bartholin. Grossissement, 4 fois.

Fig. 53. *Artibeus perspicillatus*. Organes génitaux de la femelle. *c*, capsule
ovarique ; *u*, utérus ; *v*, vagin ; *v. u*, vessie urinaire. Grossissement,
4 fois.

Fig. 54. Schéma de l'œuf d'un Chiroptère (spécialement d'un Microchiroptère).
Le feuillet externe est indiqué par un trait continu, le feuillet interne par un
trait pointillé ; le feuillet moyen par une teinte uniforme. *am*, amnios ; *al*,
allantoïde ; *p*, placenta ; *v. o*, vésicule ombilicale ; *v*, vaisseaux allantoïdiens ; *v'*, vaisseaux omphalo-mésentériques.

Fig. 55. Schéma de l'œuf d'un Rongeur, d'après Slavjansky, modifié pour le
rendre comparable au précédent.

Fig. 56. *Pteropus Edwardsi*. Fragment des membranes fœtales d'un embryon
presque à terme montrant la distribution des vaisseaux sanguins. *c*, cordon
ombilical disséqué ; *v. o*, vésicule ombilicale ; *p*, placenta ; *ch*, chorion ; *c*,
cordon ombilical dont l'enveloppe a été fendue ; *v'*, vaisseaux allantoïdiens ;
v', vaisseaux omphalo-mésentériques.

<h2 style="text-align:center">PLANCHE VIII</h2>

Fig. 57. *Pteropus Edwardsi*. Fœtus avec ses annexes. *p*, placenta ; *ch*, chorion ; *v. o*, vésicule ombilicale ; *a*, artères allantoïdiennes ; *v*, veine allantoïdienne ; *o*, artère omphalo-mésentérique.

Fig. 58. *Miniopterus Schreibersii*. Œuf avec ses enveloppes ; le chorion a été
ouvert. *f*, fœtus dans l'amnios ; *v. o*, vésicule ombilicale déchirée en la dé-
tachant du chorion ; *p. p'*, placentas ; *c*, chorion. Grossi deux fois.

Fig. 59. *Eonycteris spelæa*. Œuf dans ses enveloppes. *p*, placenta; *v. o*, vésicule ombilicale; *v*, vaisseaux qui semblent se rendre de la vésicule ombilicale au chorion.

PLANCHE IX.

Fig. 60. *Rhinolophus hipposideros*. Coupe de la prostate. Grossissement, 240 diamètres.

Fig. 61. *Id*. Coupe de la vésicule séminale vue à un faible grossissement. Grossissement, 20 diamètres.

Fig. 62. La même à un plus fort grossissement. Grossissement, 240 diamètres.

Fig. 63. *Id*. Cæcums de la glande uréthrale. Grossissement, 20 diamètres.

Fig. 64. *Id*. Coupe de la glande uréthrale. Grossissement, 240 diamètres.

Fig. 65. *Vespertilio murinus*. Coupe de la vésicule ombilicale. *e*, épithélium interne; *s*, stroma; *e*, épithélium externe. Grossissement, 400 diamètres.

Fig. 66. *Id*. Épithélium interne de la vésicule ombilicale vue de face. Grossissement, 400 diamètres.

Fig. 67. Le même épithélium dépourvu de gouttelettes graisseuses; les cellules sont légèrement écartées par la pression du couvre-objet. Même grossissement.

Fig. 68. *Id*. Épithélium interne de l'allantoïde imprégné au nitrate d'argent. Grossissement, 240 diamètres.

Fig. 69. *Id*. Couche basilaire de l'épithélium interne de l'amnios imprégnée au nitrate d'argent. Grossissement, 240 diamètres.

Fig. 70. *Id*. Endothélium du cœlome interne imprégné au nitrate d'argent. Grossissement, 240 diamètres.

Vu et approuvé, Paris, le 26 octobre 1881.

Le Doyen de la Faculté des sciences,

MILNE-EDWARDS.

Vu et permis d'imprimer, le 26 octobre 1881,

Le Vice-Recteur de l'Académie de Paris,

GRÉARD.

DEUXIÈME THÈSE

PROPOSITIONS DONNÉES PAR LA FACULTÉ

Botanique. — Fécondation chez les Angiospermes.
— Caractères des familles qui composent la classe des
Scitaminées.

Géologie. — Caractères principaux du terrain jurassique de
a Normandie. — Division de ce terrain en étages. — Eten-
due superficielle de ces étages, — Indiquer leurs rapports
stratigraphiques avec le terrain crétacé.

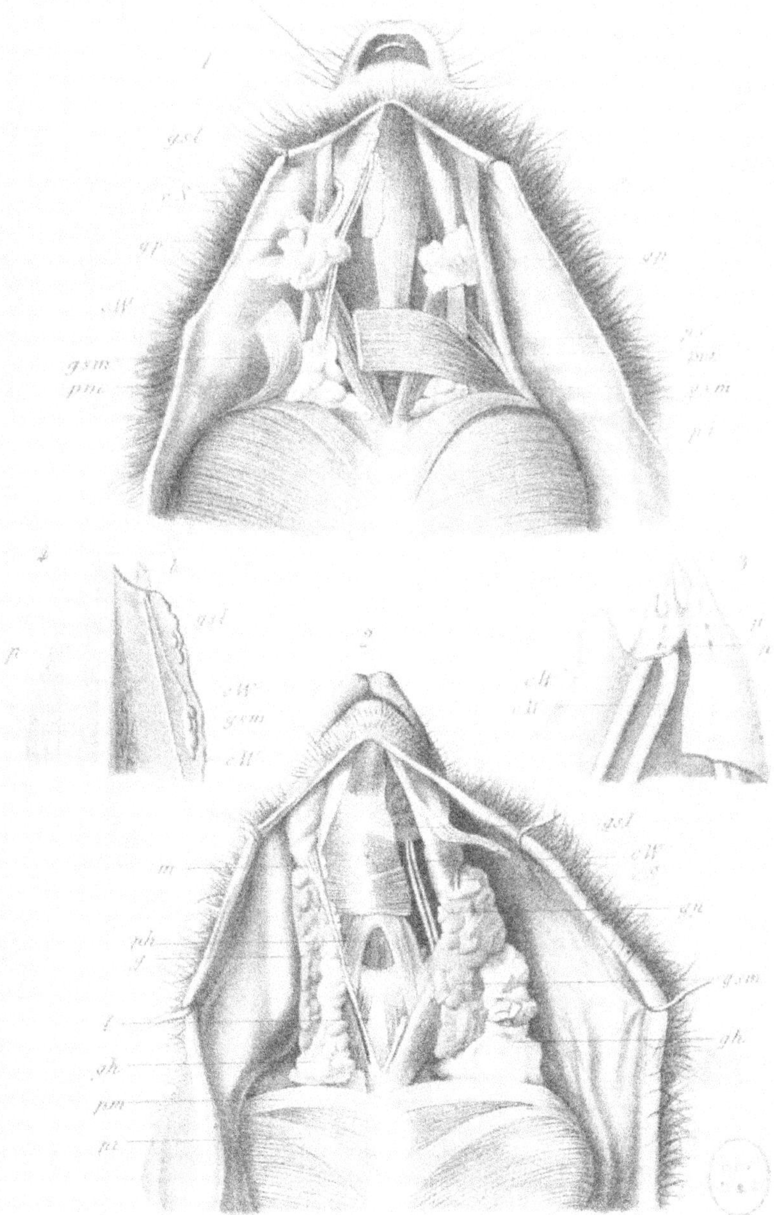

Anatomie des Chiroptères.

Anatomie des Chiroptères

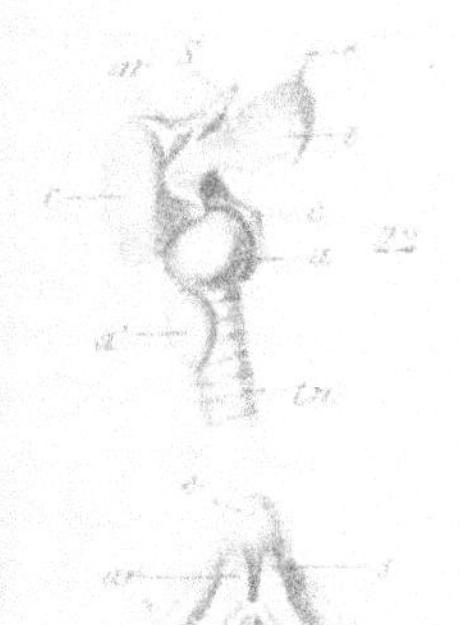

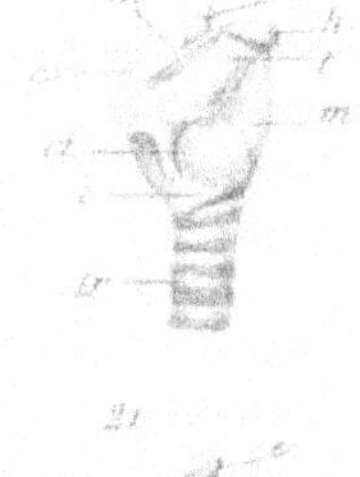

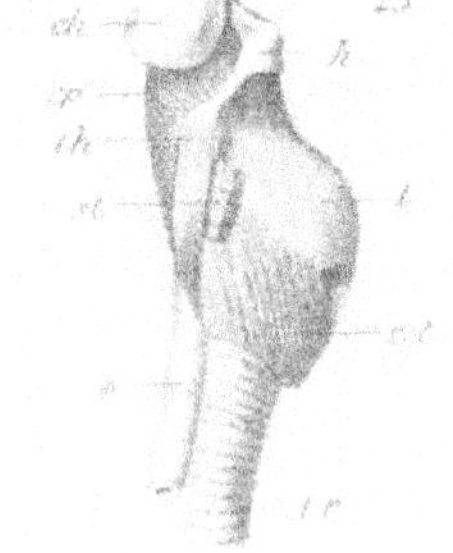

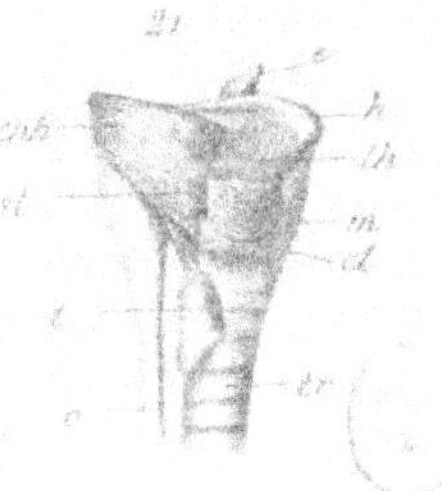

Anatomie des Chiroptères.

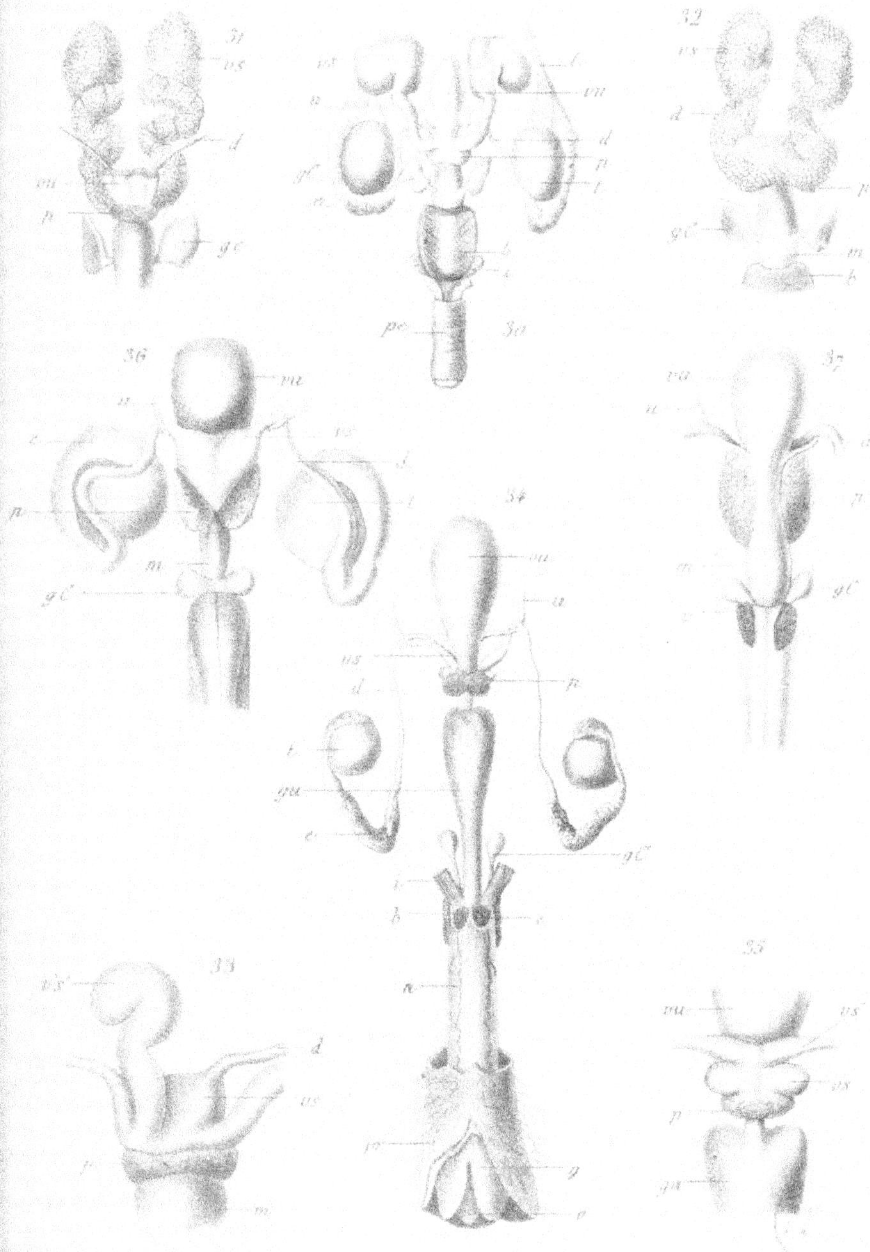

B.A.R. del.   Nicolet lith.

Anatomie des Chiroptères.

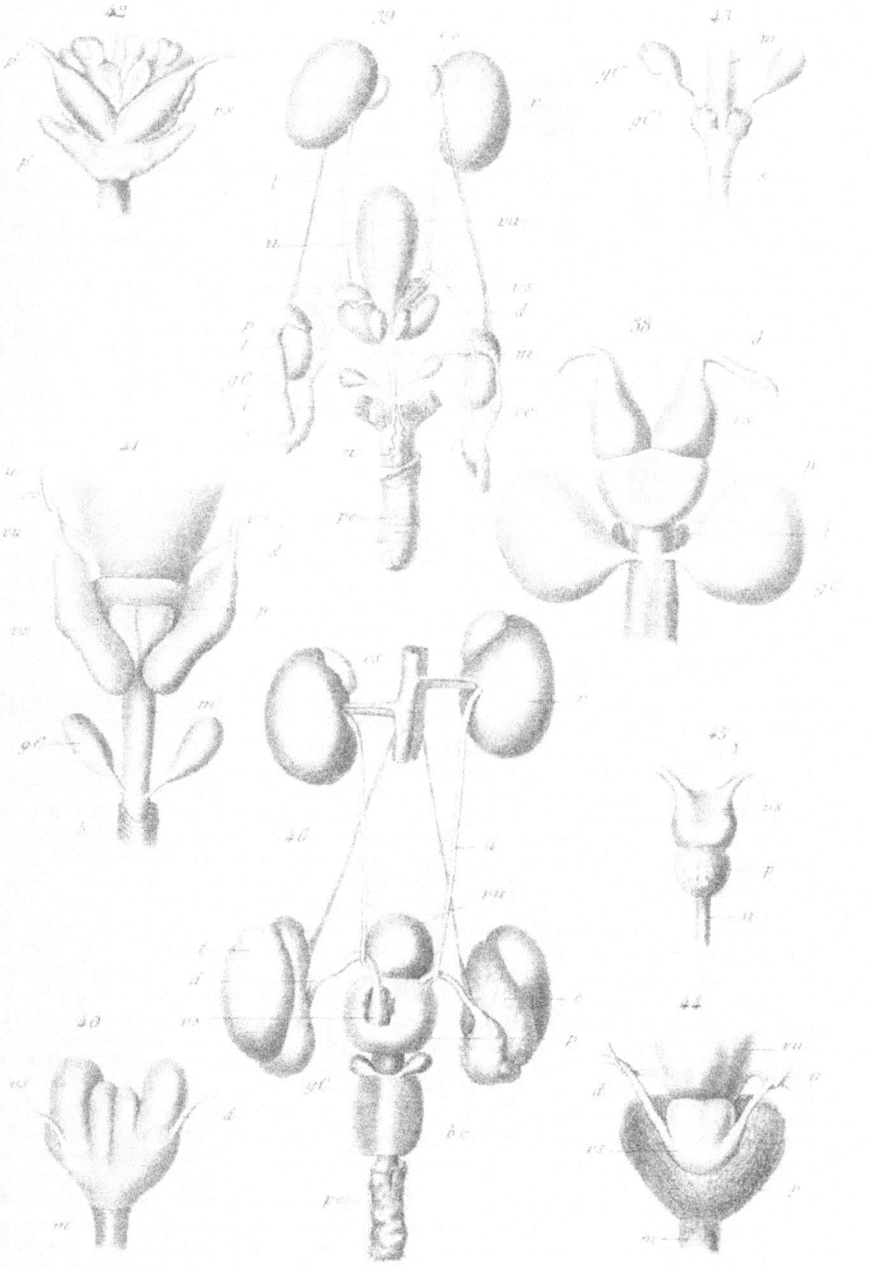

H. A. R. del. Nicolet lith.

Anatomie des Chiroptères.

Imp. Lemercier et Cie de Seine Sc.

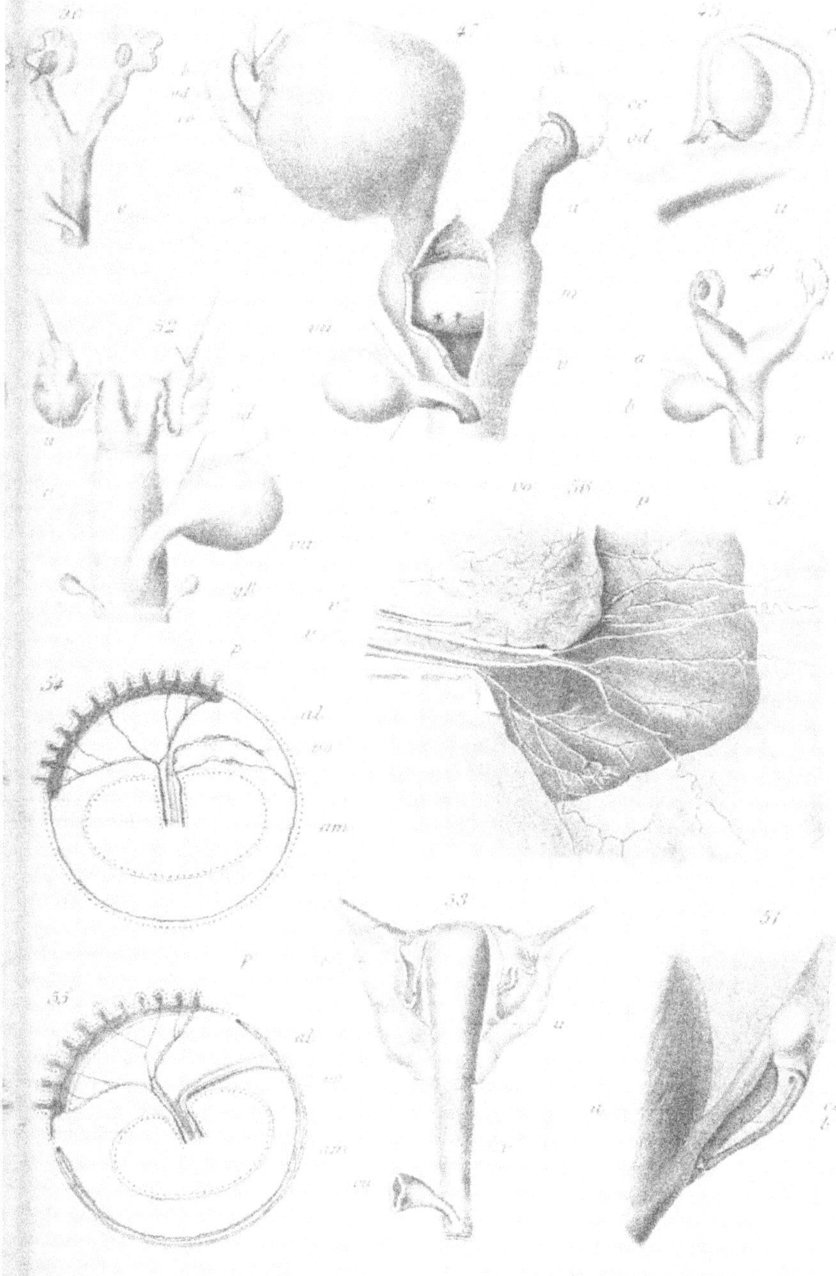

Anatomie des Chiroptères

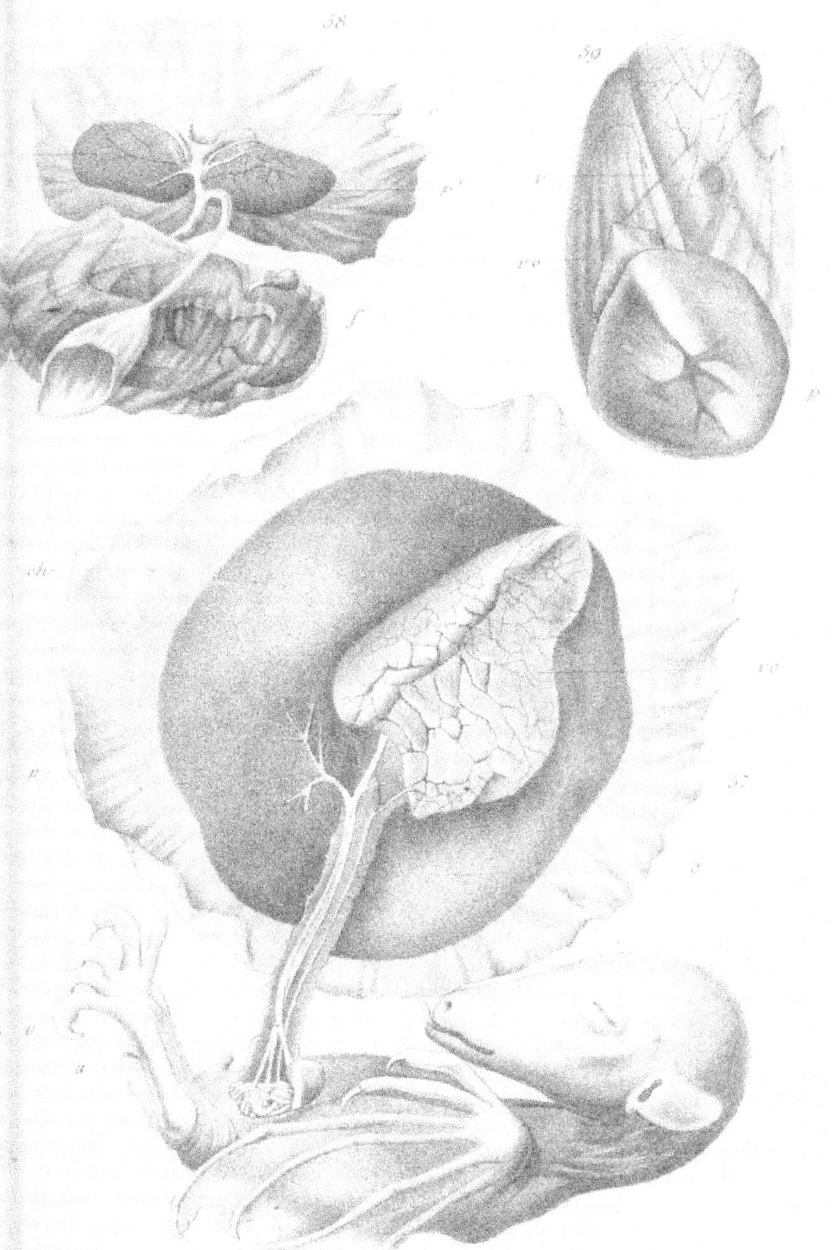

H. Noël et H.A.R. del.   Niviet lith.

Anatomie des Chiroptères.

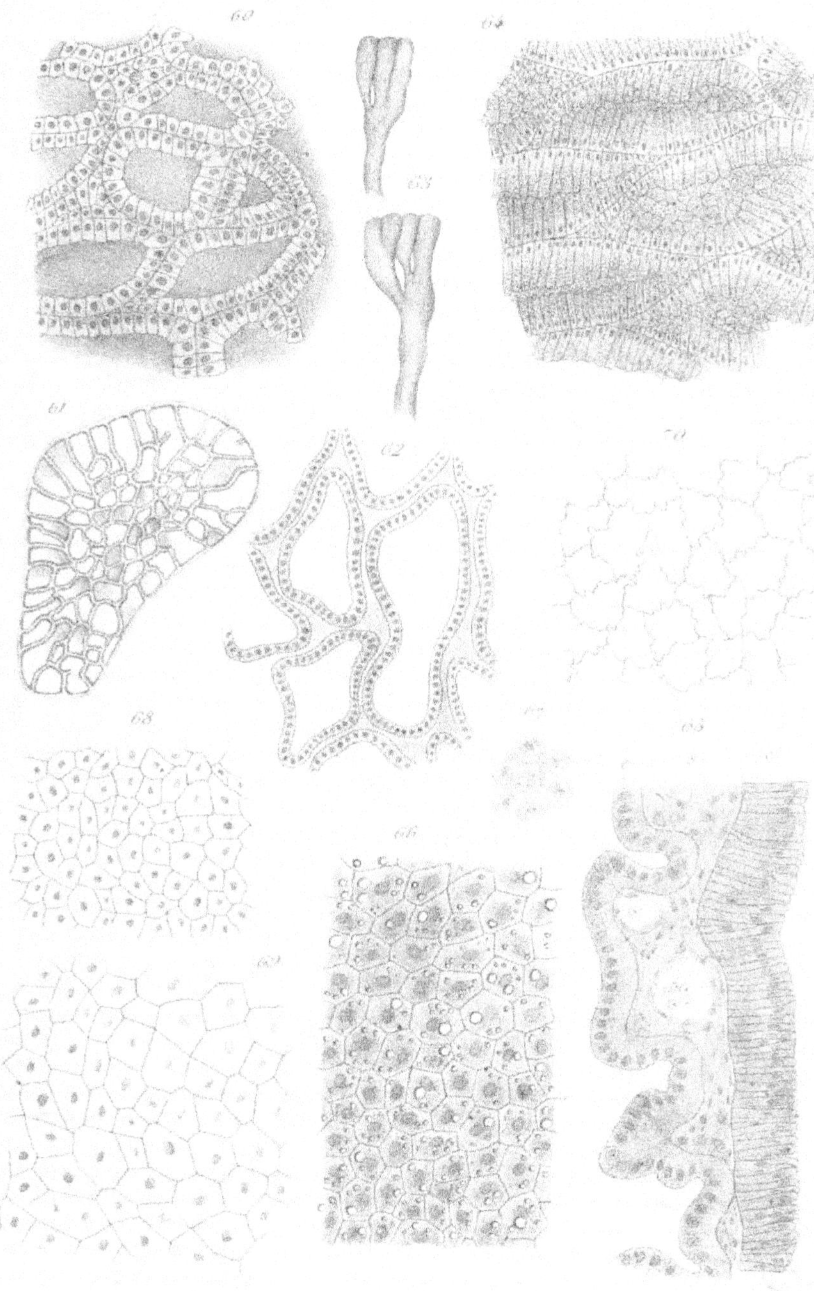

R.A R.del.   Viollet lith.

Anatomie des Chiroptères.